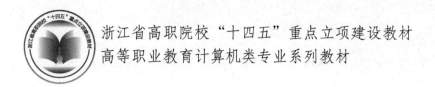

浙江省高职院校"十四五"重点立项建设教材

高等职业教育计算机类专业系列教材

Web 前端开发

朱铁樱　赵永晖　骆　爽　主　编

刘　欣　虞晓霞　蔡金亚　胡莉萍　李　涛　副主编

电子工业出版社·

Publishing House of Electronics Industry

北京 · BEIJING

内 容 简 介

本书共分为 4 大部分，循序渐进地讲述了 Web 前端开发的基本概念、HTML5、CSS3、JavaScript 以及 Web 前端开发的综合案例。

第一部分：主要讲述 Web 前端开发的基础知识，如 HTML 的基础语法，开发环境的配置，常用标签的使用，其中第 5 章讲述 HTML5 进阶，如新增的 HTML5 标签、Canvas 绘图等。

第二部分：主要讲述 CSS 的基础知识，如常用的样式属性，网页的美化，DIV+CSS 网页布局，以及常见网页结构的制作。其中第 11 章讲述了 CSS3 中的新特性，包括 CSS3 中的渐变、过渡、动画等，使我们做出的网站功能更加丰富，页面也更加美观。

第三部分：主要讲述 JavaScript 的基础知识，从最基础的语法开始学习，使读者能够零基础学习 JavaScript 程序的编写，完成网页的动态特性。

第四部分：主要讲述电商综合案例页面的实现，将前期所学的基础知识运用到实际的网站制作中，从整体上学习企业网站的实际开发过程。

本书适用职业教育计算机类专业教学和学习，也可作为其他对 Web 前端开发感兴趣的读者或在职人员的自学参考书籍。

图书在版编目（CIP）数据

Web 前端开发 / 朱铁樱，赵永晖，骆爽主编. —北京：电子工业出版社，2024.8

ISBN 978-7-121-47454-5

Ⅰ.①W… Ⅱ.①朱… ②赵… ③骆… Ⅲ.①网页制作工具 Ⅳ.①TP393.092.2

中国国家版本馆 CIP 数据核字（2024）第 051782 号

责任编辑：魏建波

印　　刷：三河市双峰印刷装订有限公司
装　　订：三河市双峰印刷装订有限公司
出版发行：电子工业出版社
　　　　　北京市海淀区万寿路 173 信箱　　　邮编　100036
开　　本：787×1 092　1/16　印张：15.25　字数：387.2 千字
版　　次：2024 年 8 月第 1 版
印　　次：2024 年 8 月第 1 次印刷
定　　价：48.00 元

凡所购买电子工业出版社图书有缺损问题，请向购买书店调换。若书店售缺，请与本社发行部联系，联系及邮购电话：(010) 88254888，88258888。

质量投诉请发邮件至 zlts@phei.com.cn，盗版侵权举报请发邮件至 dbqq@phei.com.cn。

本书咨询联系方式：hzh@phei.com.cn。

前　　言

党的二十大报告中强调了教育、科技、人才的重要性，并将其作为全面建设社会主义现代化国家的基础性、战略性支撑。同时指出，我们必须坚定历史自信、文化自信，把马克思主义思想精髓同中华优秀传统文化精华贯通起来、同人民群众日用而不觉的共同价值观念融通起来。

本书关注前端开发中的三项技术 HTML、CSS 和 JavaScript，同时也对 HTML5、CSS3 等新兴技术做了介绍，虽然当前的 Web 前端开发涉及的技术众多，新技术层出不穷，但只有在掌握了这些基础知识之后，才有可能做出更加复杂的 Web 应用程序。同时本书融入大量思政案例，读者通过学习，可以坚定文化自信的信仰，有助于提高自身思想政治素质和文化素养水平，也有助于培养爱国情怀和社会责任感。

学习 Web 前端技术没有捷径可走，唯一的方法就是多实践，多动手，多学习优秀的网站页面设计，并将其应用到自己的项目中。我们相信通过本书的学习，读者不仅能够掌握 Web 前端开发的基础知识和核心技能，还能够了解该领域的最新发展动态和前沿技术，为未来的职业发展打下坚实的基础。

本书具有如下特色。

教学内容全面：本书编写紧贴 Web 前端开发工程师职业需求，精心策划教学内容，加入 HTML5 高级和 CSS3 高级等内容。

实践案例丰富：本书强调读者在学习过程中要边学习边实践操作，每一章都提供了大量的案例供读者学习参考，以确保所学知识不仅仅停留在表面或理论层面。

思政案例丰富：本书中融入大量中华优秀传统文化和社会主义核心价值观思政元素，引导学生树立正确的世界观、人生观和价值观。

配套资源丰富：本书配套有丰富的线上教学资源，为学生提供学习视频，章节测试等。

本书编写主要由浙江广厦建设职业技术大学 Web 前端开发团队完成。第 1、13 章由赵永晖编写，第 2、3 章由胡莉萍编写，第 4、5 章由刘欣编写，第 6、7 章由骆爽编写，第 8 章由蔡金亚编写，第 9、12 章由朱铁樱编写，第 10、11 章由虞晓霞编写，第 14 章由慧科教育科技集团有限公司的李涛编写，全书由朱铁樱编稿、修改并定稿。

另外，本书在编写过程中，参考了许多其他教材和网络相关资料，在此表示诚挚的谢意。由于水平有限，书中难免会存在问题，敬请广大读者批评指正。教师可发邮件索取教学基本资源。

电子邮箱：zhuty@zjgsdx.edu.cn。

2024 年 04 月

目　　录

第1部分　HTML5 页面布局

第 3 部分　JavaScript

第 4 部分　综合项目

第1部分

HTML5 页面布局

第1章 Web开发基础

本章学习目标

◇ 了解Web前端开发的基本概念
◇ 了解Web相关概念
◇ 了解Web开发工具
◇ 掌握Web工作原理
◇ 掌握Web网页构成

思维导图

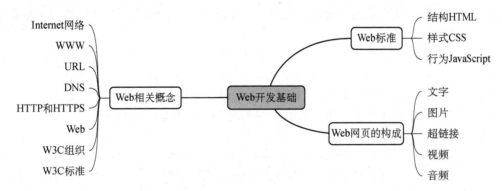

Web（World Wide Web）即全球广域网，也称为万维网，是一种基于超文本和HTTP的、全球性动态交互的跨平台分布式图形信息系统。它是一个由许多互相链接的网页组成的系统，通过互联网进行访问。

1.1 Web 概述

认识 HTML

英国科学家蒂姆·伯纳斯-李在1989年发明了万维网。他在瑞士欧洲核子研究中心工作期间，编写了第一个网页浏览器。该浏览器于1991年在欧洲核子研究中心向外界发表，随后开始在其他研究机构发展，并于1991年8月在互联网上向公众开放。随着互联网的发展，万维网逐渐成为人们生活中不可或缺的一部分。

万维网是信息时代发展的核心，它为数十亿人在互联网上进行交互提供了主要工具。网页由HTML构建主体结构，其中可以包含图片、音视频和软件组件。这种基于超文本和HTTP的全球性网络服务，为浏览者在Internet上查找和浏览信息提供了图形化的、易于访问的直观界面。

值得注意的是，万维网并不等同于互联网，它只是互联网所能提供的服务之一。万维网是通过超链接将各个计算机系统中的网页链接到一起的平台，而互联网则是一个全球互相连接的计算机网上系统。在生活中，人们经常将互联网和万维网混为一谈，通常所说的通过浏览器访问互联网，实际上是指访问万维网。

此外，万维网资源通常使用HTTP协议进行访问。这个基于文本的协议使得网络上的计算机能够交换数据，并且能够让浏览器与服务器之间进行通信。通过使用HTTP协议，用户可以在万维网上浏览、上传和下载各种网页资源。

总之，万维网是建立在Internet上的一种网络服务，浏览者可以在其中查找和浏览信息，其中的文档及超链接将Internet上的信息节点组织成一个互为关联的网状结构。它的发明和应用极大地推动了信息时代的发展，成为了人们生活中不可或缺的一部分。

1.2　Web工作原理

Web万维网是建立在B/S（浏览器/服务器）架构之上的，通过客户端和服务器之间的通信来实现网络上的信息传递和数据交换。以下是Web工作原理的详细步骤。

用户交互：用户在浏览器中输入要访问的Web站点地址或者在已打开的页面上单击超链接。这是Web工作的起始点，用户的需求和操作驱动整个过程。

域名解析：当用户输入一个网址（Uniform Resource Locator，URL）时，浏览器会向DNS（Domain Name System）服务器发送一个请求，进行域名解析。DNS服务器将域名转换为相应的IP地址，以便找到对应的服务器。如果用户未指定DNS服务器，通常会由宽带提供商提供。当然用户也可以设置系统具体需要访问的DNS服务器，如114.114.114.114，之后DNS服务器会返回网址对应的服务器的IP地址。

发送HTTP请求：一旦获取到IP地址，浏览器就会向该地址对应的服务器发送一个HTTP请求。这个请求包含了用户想要访问的网页的URL。服务器接收到请求后，会根据URL查找相应的文件。

服务器处理：Web服务器根据请求将URL地址转换为页面所在的服务器上的文件全名，查找相应的文件。如果URL指向静态文件，则服务器直接将文件通过HTTP协议传输给用户浏览器。如果HTML文档中嵌入了脚本语言（如PHP、JSP等），服务器就会直接运行这些脚本，并将处理后的结果再返回给用户。如果服务器需要访问数据库，它就会将查询指令发送给数据库服务器，执行查询操作，并将查询结果嵌入到页面中，最后以HTML格式发送给浏览器。

浏览器解析和显示：浏览器接收到服务器的响应后，会解析HTML、图片等内容，并在客户端屏幕上展示结果。这个过程涉及HTML文档的解析、CSS样式的应用以及JavaScript代码的执行等，最终呈现出一个完整的网页给用户。

Web的工作原理是一个复杂的过程，涉及到了用户交互、域名解析、HTTP请求发送、服务器处理和浏览器解析等多个环节。这些环节共同协作，实现了在网络上信息传递和数据交换的功能。随着技术的发展，Web 的应用越来越广泛，其工作原理也在不断演进和完善。

　　大多数的网页自身包含有超链接指向其他相关网页，像这样通过超链接，把有用的相关资源组织在一起，就形成了一个所谓的"网"。这个网就构成了最早在 20 世纪 90 年代初蒂姆·伯纳斯-李所说的万维网 Web。Web 工作原理如图 1-1 所示。

图 1-1　Web 工作原理

1.3　Web 相关概念

　　Internet 网络：就是通常所说的互联网，是由一些使用公用语言互相通信的计算机连接而成的网络。

　　WWW：WWW（英文 World Wide Web 的缩写），中文译为"万维网"，是 Internet 提供的一种网页浏览服务。

　　URL：URL（英文 Uniform Resource Locator 的缩写），中文译为"统一资源定位符"，URL 其实就是 Web 地址，俗称"网址"。

　　DNS：DNS（英文 Domain Name System 的缩写）是域名解析系统。

　　HTTP 和 HTTPS：HTTP（Hypertext Transfer Protocol 的缩写），中文译为超文本传输协议，是一种详细规定了浏览器和万维网服务器之间互相通信的规则。HTTPS 协议是由 SSL+HTTP 协议构建的可进行加密传输、身份认证的网络协议，要比 HTTP 协议安全。

　　Web：Web 通常指互联网的使用环境。但对于网站制作者来说，它是一系列技术的复合总称，通常称为网页。

　　W3C 组织：W3C（英文 World Wide Web Consortium 的缩写），中文译为"万维网联盟"，成立于 1994 年，Web 技术领域最权威和最具影响力的国际中立性技术标准机构。万维网联盟是国际最著名的标准化组织。

　　W3C 标准：由万维网联盟 W3C 组织制定的一系列标准，包括结构化标准语言（HTML 和 XML）、表现标准语言（CSS）、行为标准语言（DOM 和 EMCAScript）。

1.4　Web 网页的构成

　　网页一般来说是包含 HTML 标签的纯文本文件，那么网页是由哪些部分构成的？正常来说网页由两部分构成，分别是文字和图片，文字就是网页的内容，图片就是网页的外观，当然随着互联网技术的发展，网页还逐渐增加了动画、音乐还有程序等元素，现在网页包含的元素越来越多，整体页面也变得越来越美观。网页可以存放在世界某一台计算机中，用户可以通过浏览器访问该计算机中的页面，而此时存放网页的计算机可以理解为 Web 服务器。

　　几乎所有的网站都包含文字和图片，可以将文字和图片看作网页中最基本的两种元素，

当在网页上单击鼠标右键，选择快捷菜单中的"查看源文件"命令就可以查看网页的源码。如图1-2所示，按F12键，在谷歌浏览器中便会打开当前网页的源代码，这是京东网首页源代码，可以看到网页实际上只是一个纯文本文件，而对于一些文字无法直接描述的资源，如图片、音视频等内容，可以通过标签描述这些资源所在的位置，浏览器则会自动根据描述的位置，获取相应的资源并处理。

图1-2 京东网首页源代码

所有的 HTML 文档都应该有一个<html>标签，<html>标签包含两个部分：<head>和<body>。<head>标签用于包含整个文档的描述信息，比如文档的标题（<title>元素包含标题）、对整个文档的描述、文档的关键字等。文档的具体内容则放在与<head>标签同级的<body>元素中。

除首页外，京东网还有许多子页面，比如单击首页的导航栏就能打开京东生鲜、京东家电等子页面。多个页面通过链接连在一起就组成了网站，网站是相关网页的集合，是一个虚拟空间，通过域名进行标识，通常由前端和后端技术组成，通过浏览器访问网址即可呈现出网站的内容。

1.5 Web 前端开发技术

Web 前端开发是创建 Web 页面或 App 等前端界面呈现给用户的过程，通过 HTML、CSS 及 JavaScript 以及衍生出来的各种技术、框架、解决方案，来实现互联网产品的用户界面交互。

Web 前端开发从网页制作演变而来，网页制作是 Web1.0 时代的产物，早期网站主要内容都是静态的，以图片和文字为主，用户使用网站的行为也以浏览为主。在超文本标记语言格式的网页上，也可以出现各种动态的效果，如 GIF 格式的动画、Flash 动画、滚动字幕等，这些"动态效果"只是视觉上的，并不影响网页本身的静态性质。静态网页是标准的 HTML 文件，它的文件扩展名为.htm 或.html。

随着互联网技术的发展和 HTML5、CSS3 的应用,现代网页更加美观,交互效果显著,功能更加强大。前端开发跟随移动互联网发展带来了大量高性能的移动终端设备应用。HTML5、Node.js 的广泛应用,各类 UI 框架、JS 类库层出不穷,开发难度也在逐步提升。网页可以与用户实现交互呈现动态效果,也叫动态页面,显示的内容随着时间、环境或者数据库操作的结果而发生改变。动态页面实际上并不是独立存在于服务器上的网页文件,只有当用户请求时服务器才返回一个完整的网页。它以数据库技术为基础,大大降低网站数据维护工作量,可以实现更多的功能,如用户注册、用户登录、搜索查询等。

1.6 Web 开发工具

用于开发 Web 页面的工具有很多种,用户可以根据自己的开发习惯选择,以下介绍一些常见的 Web 开发工具。

1. Visual Studio Code(简称 VS Code)

它是 Microsoft 在 2015 年 4 月 30 日 Build 开发者大会上正式宣布的一个运行于 Mac OS X、Windows 和 Linux 之上的,针对于编写现代 Web 和云应用的跨平台源代码编辑器,可在桌面上运行,并且可用于 Windows、macOS 和 Linux。它具有对 JavaScript、TypeScript 和 Node.js 的内置支持,并具有丰富的其他语言(如 C++、C#、Java、Python、PHP、Go)和运行时(如.NET和 Unity)扩展的生态系统。中文版是微软推出的带 GUI 的代码编辑器,软件功能非常强大,界面简洁明晰、操作方便快捷,设计得很人性化。

该编辑器集成了所有一款现代编辑器所应该具备的特性,包括语法高亮、可定制的热键绑定、括号匹配以及代码片段收集(Snippets)。Microsoft Docs(微软文档)提供了相应的学习教程帮助用户在 Visual Studio Code 中登录 GitHub。VS Code 界面如图 1-3 所示。

图 1-3 VS Code 界面

2. HBuilder X

它是一款为前端开发者服务的通用 IDE 或编辑器,H 是 HTML 的首字母,Builder 是构造者,X 是 HBuilder 的下一代版本,简称 HX。HBuilder X 采用 C++架构,启动速度、大文档打开速度都比较快,编码提示极速响应。它具备强大的语法提示功能,拥有精准、全面、细致的 AST 语法分析能力，支持转到定义、重构等操作。此外，HBuilder X 还支持开发普通 Web 项目，以及 DCloud 出品的 uni-app 项目、5+App 项目、wap2app 项目，它也可以通过插件支持 PHP 等其他语言。HBuilder X 丰富的插件支持使得开发者能够根据需求扩展 IDE 功能，实现更高效、个性化的开发，它凭借强大的 Vue 支持、快速启动速度、智能代码提示、多平台支持和丰富的插件支持等优点，成为了一款强大、高效、易用的前端开发工具，助力开发者快速开发出高质量的 Web 应用。HBuilder X 界面如图 1-4 所示。

图1-4　HBuilder X 界面

3. Sublime Text

它是一个文本编辑器（收费软件，可以无限期试用），同时也是一个先进的代码编辑器，是由程序员 Jon Skinner 于 2008 年 1 月份所开发出来的，它最初被设计为一个具有丰富扩展功能的 Vim。Sublime Text 具有漂亮的用户界面和强大的功能，如代码缩略图、Python 的插件、代码段等。主要功能包括拼写检查、书签、完整的 Python API、Goto 功能、即时项目切换、多选择、多窗口等。Sublime Text 是一个跨平台的编辑器，同时支持 Windows、Linux、Mac OS X 等操作系统，它可以通过包（Package）扩充本身的功能，大多数的包使用自由软件授权发布，并由社区建置维护。Sublime Text 界面如图 1-5 所示。

图1-5　Sublime Text 界面

4. WebStorm

它是 JetBrains 公司旗下一款 JavaScript 开发工具，被誉为"Web 前端开发神器"、"强大的 HTML5 编辑器"、"智能的 JavaScript IDE"等。它是一个适用于 JavaScript 和相关技术的集成开发环境，类似于其他 JetBrains IDE，会使开发体验更有趣，自动执行常规工作并帮助您轻松处理复杂任务。它具备自动检测错误、代码补全、快速修复、自动重构、Git 集成、美观界面、高度可定制、多语言支持、实时分析和反馈等特色，帮助开发者更高效地开发 Web 应用。WebStorm 界面如图 1-6 所示。

图 1-6　WebStorm 界面

5. Notepad++

它是一款功能强大的文本编辑器，主要用于编程和脚本编写，支持 27 种编程语言，包括 C、C++、Java、C#、XML、HTML、PHP、JavaScript 等。Notepad++ 内置支持多达 27 种语法高亮度显示，具有代码高亮显示、自动缩进和查找替换功能，能够帮助开发者提高工作效率。此外，Notepad++ 还支持插件扩展，用户可以通过安装插件来增加新的功能，使其更加符合个人需求。最重要的是，Notepad++ 是一款免费开源的软件，用户可以自由下载和使用。Notepad++ 界面如图 1-7 所示。

图 1-7　Notepad++ 界面

1.7 案例——舍亿万财富，点亮整个世界

蒂姆·伯纳斯-李（Tim Berners-Lee）是万维网的发明者，被称为"万维网之父"。他的贡献不仅在于创造了这个技术，更在于他坚持开放和共享的精神，推动了互联网的发展和普及。

在20世纪80年代末，蒂姆·伯纳斯-李在欧洲核子研究中心（CERN）工作，那时的信息传输名义上为互联，但各家计算机厂商的标准、格式、系统都不同，导致信息共享存在很多限制。

为了打破信息孤岛，1989年3月12日他撰写了《关于信息化管理的建议》这篇论文，提出了万维网的理论基础。紧接着，他在同事们并不看好的情况下，发明了万维网最关键的三项技术URI（统一资源标识符）、HTML（超文本标记语言）、HTTP（超文本传输协议），至此万维网诞生。

尽管他有机会通过申请专利成为亿万富翁，但蒂姆·伯纳斯-李放弃了这个机会。相反，他创建了万维网联盟（W3C），致力于推动万维网在全球的发展。这种开放和共享的精神，不仅让互联网得以快速发展，也让更多人享受到了网络带来的便利。

2019年3月12日，万维网诞生30周年的纪念日上，蒂姆·伯纳斯-李和其他科学家呼吁帮助全球约半数仍无法上网的人口接入互联网，享受网络带来的便利。这体现了他们始终关注互联网普及和发展的初心与使命。

蒂姆·伯纳斯-李的贡献不仅在于他的技术发明，更在于他坚持开放和共享的精神。这种精神不仅推动了互联网的发展，也影响了整个社会的发展和进步。

1.8 习题

扫描二维码，查看习题。

1.9 练习

请使用HBuilder X创建第一个HTML项目，要求用css、img、js文件夹分别存放相应类型的文件，并创建一个index.html主文件，根据提示代码学习Web网页构成。

第2章　HTML 入门

本章学习目标

◇ 了解 HTML 文档结构
◇ 熟悉 HTML 基本语法
◇ 掌握文本控制标签的基本使用方法
◇ 掌握图片标签的基本使用方法
◇ 了解绝对路径与相对路径的区别

思维导图

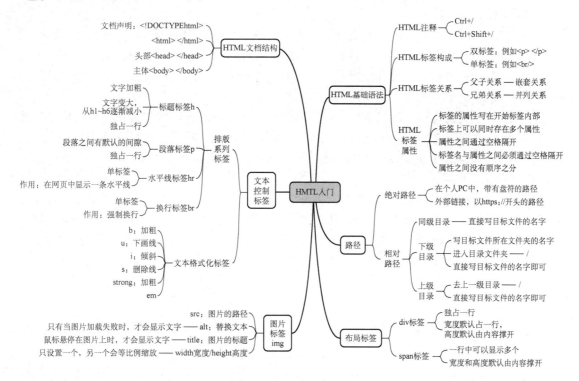

超文本标记语言（HyperText Markup Language，HTML）是一种用于构建网页的标准标记语言。它不仅仅定义了网页的结构，还影响了网页的外观和功能。HTML 是一种基础技术，通常与 CSS（层叠样式表）和 JavaScript 一起使用，以设计出具有吸引力和交互性的网页。CSS 用于美化网页的外观和格式，而 JavaScript 则可以添加各种交互效果，使网页更加生动和有趣。

2.1 认识 HTML

HTML 基础语法

HTML 文档是由各种 HTML 标签组成的，这些标签描述了网页中的各个元素，如标题、段落、列表、图片、链接等。

蒂姆·伯纳斯-李在发明了万维网后，编写了第一套万维网服务器与客户端程序，也就是通常所说的浏览器。HTML 语言因其易学、高效等特性，一经推出就迅速成为了 Web 页面的主要格式。

为了更好地规范 HTML 语言，蒂姆·伯纳斯-李于 1994 年 10 月离开欧洲核子研究中心后成立了万维网联盟（World Wide Web Consortium，W3C）。W3C 致力于发展、完善各种网络技术规范，为软件开发人员所熟知的 HTML、CSS、XML 等技术规范均出自 W3C 组织。自 1996 年起，HTML 规范一直由 W3C 维护。

由于 Web 的快速发展，也导致众多软件公司争相推出自己的浏览器，其中就包括网景公司的 Navigator 浏览器与微软公司的 Internet Explorer 浏览器。这种竞争方式也导致开发人员编写的网页程序需要调整代码以适应不同厂商的浏览器，从而保证用户使用不同浏览器浏览网页时，展示效果的一致性。

值得庆幸的是，目前新版本的浏览器基本都支持了 Web 的标准规范，除非需要兼容旧版本的浏览器，如早期的 IE 浏览器。如果网页运行在新版的浏览器上，如 Chrome 浏览器、火狐浏览器等，则一般不会出现兼容性问题。但也有例外的情况，针对浏览器间的不统一做出相应的代码调整应该是每个 Web 开发人员的基本能力。

HTML 标签是构建网站的基本要素，HTML 文档中可以嵌入图像与音视频等对象，当然也可以表示一些格式文本，如标题、段落和列表等，也可用来描述文档的外观和语义。HTML 的语言形式为以尖括号包围的 HTML 标签（如<html>），浏览器可以直接解析这些标签，但不会将它们显示在页面上。

HTML5 是 HTML 最新的修订版本，由万维网联盟于 2014 年 10 月完成标准制定，目标是取代 1999 年所制定的 HTML4.01。HTML5 中添加了众多新的特性，帮助开发人员开发更符合现今网络潮流的 Web 应用。这些新特性包括视频和音频元素、画布（Canvas）元素、SVG 内容、地理定位 API、离线存储等。这些新特性使得开发人员能够创建更丰富、更具交互性的 Web 应用，从而提高了用户体验。

2.2 HTML 文档结构

HTML 文档，也被称为网页，包括头部和主体两大部分。头部主要描述浏览器和搜索引擎所需要的信息，浏览器不会将这些信息呈现给访问者；主体是文档的正文，是网页中真正要传达的信息，这些信息将在浏览器窗口的正文部分呈现给访问者。

HTML文档总是以<html>标签开始，以</html>标签结束，在<head></head>标签之间的内容是头部信息，在<body></body>标签之间的内容是主体部分，即文档的正文。此外，还要在文档的最开头，通过<!DOCTYPE>声明这是一个HTML文档，HTML文档结构如图2-1所示，HTML文档结构标签说明如表2-1所示。

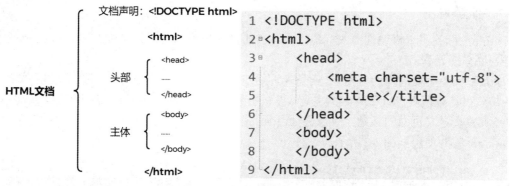

图2-1　HTML文档结构

表 2-1　HTML 文档结构标签说明

标签名	定义	说明
<html><html>	HTML 标签	页面中最大的标签，根标签
<head></head>	文档的头部	在<head>标签中必须要设置的标签是<title>
<title></title>	文档的标题	让页面拥有一个属于自己的网页标题
<body></body>	文档的主体	包含文档的所有内容，页面内容基本放到<body>里

2.2.1　<!DOCTYPE>

<!DOCTYPE>声明必须是HTML文档的第一行，位于<html>标签之前。该声明不是HTML标签，它告诉浏览器该HTML文档的DTD类型（Document Type Definition，文档类型定义）。

在HTML5之前，有多种DTD类型，而不同类型对文档标签严格程度的要求不同，并且<!DOCTYPE>的写法非常复杂，这给开发带来了混乱。到HTML5之后化繁为简，只需声明<!DOCTYPE html>即可，它告诉浏览器，该文档是一个HTML5文档。

2.2.2　HTML 根元素

HTML文档的根元素是html元素，从<html>标签开始，到</html>标签结束。根元素的作用是告诉浏览器，在<html>和</html>之间的内容是HTML标签，浏览器会按HTML进行解析其中的内容。

2.2.3　<head>标签

<head>标签用于定义文档的头部，用于描述网页基本信息的标签通常都放在<head>标签中，<head>中的元素可以嵌入其他的资源，如CSS、JavaSript文件，提供元信息等。

文档的头部描述了文档的各种基本信息，包括网页的标题、网页的关键字，以及和其他文档的关系等。注意，<head>标签中包含的内容不会在浏览器窗口的正文部分显示出来。

head元素比较特殊，只有一些特定的标签才允许放在<head>标签内，它们分别是<title>、<base>、<meta>、<script>、<link>、<style>，接下来对这些标签进行分别介绍。

1. <title>标签

<title> 标签用于描述文档的标题，是对当前页面核心内容的概括性描述，它是head部分中唯一必需的元素。

<title>标签主要的作用有两点，一是告诉用户该网站的主题是什么。二是给搜索引擎索引，告诉搜索引擎该网页以什么内容为主题。搜索引擎会根据此标签将你的网站或文章合理归类。<title>标签会定义页面的标题，标题是对当前页面核心内容的一个简短的、概括性描述。网站中<title>标签的使用如图2-2所示。

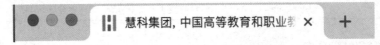

图2-2　网站中<title>标签的使用

在大多数浏览器中，页面的标题被显示在浏览器窗口或标签页的标题栏中，还会出现在访问者浏览历史列表和书签中。浏览器的标题栏显示效果如图2-3所示。当在搜索引擎上搜索网站时，搜索引擎会显示网站的标题。

图2-3　浏览器的标题栏显示效果

更重要的是，搜索引擎会通过页面的标题来大致了解页面的内容，并将页面的标题作为搜索结果中每一个条目的链接文本，也是判断搜索结果中页面相关度的重要因素。因此，页面标题是SEO的重要内容，一个好的页面标题可以提升搜索引擎的结果排名，并能获得更好的用户体验。搜索引擎显示的标题信息如图2-4所示。

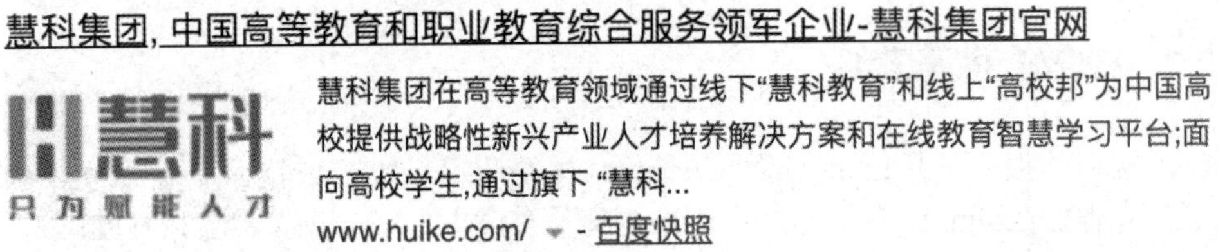

慧科集团, 中国高等教育和职业教育综合服务领军企业-慧科集团官网

慧科集团在高等教育领域通过线下"慧科教育"和线上"高校邦"为中国高校提供战略性新兴产业人才培养解决方案和在线教育智慧学习平台;面向高校学生,通过旗下"慧科...

www.huike.com/ ▼ - 百度快照

图2-4　搜索引擎显示的标题信息

2. <meta>标签

<meta>标签又叫"元数据标签"，是网页头部的一个辅助性标签，用于为网页定义元数据（Metadata）信息，一般用来定义页面的关键字、页面的描述、网页的编码等。

因为<meta>定在<head>标签中，因此<meta>标签提供的信息对用户不可见，也不会显示在页面上，但却对搜索引擎可见，可以方便搜索引擎获取到这个页面上的信息。因此，这些信息都是搜索优化SEO的重要内容，可以大大提高网站被搜索引擎搜索到的可能性。

<meta>标签是单标签，有几个主要的属性：http-equiv、name、content属性。下面着重介绍下 http-equiv 和 name 属性。

（1）http-equiv 顾名思义，相当于HTTP的文件头作用，它可以向浏览器传回一些有用的信息，以准确地显示网页内容，与之对应的属性值为content，content中的内容就是各个参数的变量值。

http-equiv 属性语法格式是：<meta　http-equiv="参数"content="参数变量值">，其中http-equiv属性主要有以下几种参数。

①网页的编码字符集 content-Type：可设定页面使用的字符集。语法为<metahttp-equiv="content-Type"　content="text/html;charset=gb2312">，在 HTML5 中 meta 元素直接使用 charset 属性来定义网页所使用的编码字符集即可，推荐使用 utf-8 编码字符集，如<meta charset="utf-8"/>。

②刷新频率refresh：通过refresh属性值来指定网页多长时间（秒）刷新自己，或在多长时间后自动跳转到指定的网页，程序清单2-1中为<meta>设置刷新频率，让网页在当前页面停留5秒后，自动跳转到http://www.baidu.com/。

程序清单 2-1

```
<meta http-equiv="refresh" content="5; url=http: //www.baidu.com/" />
```

③期限Expires：可以用于设定网页的到期时间，一旦网页过期，必须到服务器上重新传输。

（2）name 属性用于指定页面的元数据，最常见的是网页关键词（keywords）、描述（description）、robots指令、作者（author）、版权声明（copyright）等，以便搜索引擎对网页的信息进行查找和分类。name属性的主要取值及功能见表2-2。

表 2-2　name 属性的主要取值及功能

属性值	功能描述
keywords	网页的关键字。通常指定网页的核心关键字列表，各关键字间用英文逗号隔开
description	网页的主要内容。通常是网页内容的概括描述，以方便搜索引擎蜘蛛抓取网页的内容
robots	页面是否允许被索引，以及页面上的链接是否允许被查询，取值有all、none、index、noindex、follow、nofollow，　index表示页面允许被索引，　follow表示页面上的链接允许被查询。默认值是all，即允许文件被索引，且页面上的链接允许被查询
author	注明网页的作者，其内容可以是作者的名字、Email、微博、微信等任何联系信息
copyright	注明网页的版权信息

程序清单2-2演示了name属性值为keywords和description时的运行效果。

程序清单 2-2

```
<head>
  <meta charset="UTF-8">
  <meta name="keywords" content="慧科, 慧科集团, 慧科教育, 高等教育, 职业教育, 在线教育, 云计算, 互联网营销与管理, 创新创业教育, VR教育, 大数据" />
```

```
    <meta name="description" content="慧科集团在高等教育领域通过线下"慧科教育"和线上"
高校邦"为中国高校提供战略性新兴产业人才培养解决方案和在线教育智慧学习平台；" />
</head>
```

当在搜索引擎搜索某些关键字时，搜索引擎会根据网站设置的keywords关键字搜索网页，因此设置合适的关键字可以大大提高网站被用户搜索到的概率。而搜索引擎在给用户展示搜索的网页结果时，会将网页中description属性对应的内容显示出来，如图2-5所示。

慧科集团, 中国高等教育和职业教育综合服务领军企业-慧科集团官网

慧科集团在高等教育领域通过线下"慧科教育"和线上"高校邦"为中国高校提供战略性新兴产业人才培养解决方案和在线教育智慧学习平台;面向高校学生,通过旗下 "慧科...

www.huike.com/ ▾ - 百度快照

图2-5 搜索引擎显示的描述信息

说明：在网页头部的这些元素中，title、keywords、description的作用非常重要，因为搜索引擎的机器人会自动检索页面的keywords和decription，并将其加入到自己的数据库，再根据关键字的密度对网站进行排序。

对于任何站长而言，可能都有同样的感受，无论网站做得再精彩，在浩如烟海的网络世界中，也如一叶扁舟，不为人知。

人们往往忙于在搜索引擎中提交自己的网站，或在知名网站中加入自己网站的链接，或在各大论坛中发帖子宣传自己的网站，忙得不亦乐乎，却忽视了<meta>标签的强大功效。

因此，要让网站获得很好的排名，必须充分利用<meta>标签，设置好每个页面的keywords和decription，来增加网站对各大搜索引擎的曝光率，提高网站的访问量，进而提升网站的收益。

3. <base>标签

<base>标签是一个单标签，它为页面上的所有链接规定默认地址和默认目标窗口，并通过href属性设置默认URL地址，通过target属性设置默认目标窗口。

规定默认地址或默认目标窗口后，单击页面上的任何链接时，对未带http的链接，浏览器会在地址前插入<base>标签中href设置的URL地址；对未设置target属性的链接，会按<base>标签中target设置的目标打开窗口。在程序清单2-3中，设置的默认href为"image/"，默认目标为"_blank"，表示在新窗口中打开链接。第一个<a>标签的地址是相对于<base>标签指定的目录的，指向"image/1.jpg"，第二个<a>标签的地址是相对于根目录的，指向"image/image/1.jpg"，第三个<a>标签的链接带有http，未设置target，则会在新窗口中打开"http://www.baidu.com/"。

程序清单 2-3

```
<!DOCTYPE html>
<html>
    <head>
        <meta charset="utf-8" />
        <title>html中base标签的详细介绍   </title>
        <base href="image/" target="_blank">
    </head>
```

```
<body>
    <a href="1.jpg" target="_self">
        <h3>第一个a标签，相对于base标签指定的目录</h3>
    </a>
    <a href="image/2.jpg">
        <h3>第二个a标签，相对于根目录</h3>
    </a>
    <a href="http: //www.baidu.com">
        <h3>第三个a标签，相对于根目录</h3>
    </a>
</body>
</html>
```

4. <link>标签和<style>标签

在HTML文档的头部，可以通过两种方式来为网页定义样式。样式表，即CSS（Cascading Style Sheet层叠样式表），用来控制网页的表现。如果要让网站看起来很吸引人，就离不开CSS，后面会重点介绍CSS。

（1）使用link元素。

在HTML文档的头部，可以通过link元素链接到外部样式表，让网页应用该外部样式表定义的样式规则。

在<link>标签中，通过rel属性来定义本HTML文档与被链接文档之间的关系，rel="stylesheet"表明引入的文件是样式表；通过href属性定义外部资源（即CSS文件）的URL地址，URL可以是绝对路径，也可以是相对路径，相对路径是相对于本HTML文档而言的。

可以在一个HTML文档中添加多个link元素，让它们分别指向不同的样式文件，就可以给一个网页添加多个样式表。

由于link元素为空元素，它只有开始标签，没有结束标签，所以，要在开始标签的结尾处加上/来结束该元素。如程序清单2-4表示，为本文档引入文件名称为reset.css的外部样式表，该样式表文件与本文档位于相同目录下。

程序清单 2-4

```
<link rel="stylesheet" href="reset.css" />
```

（2）使用style元素。

可以在HTML文档的头部插入一个style元素，让网页应用该style元素中定义的样式规则，如程序清单2-5表示，指定本HTML文档的背景颜色为黄色（yellow）、本HTML文档中的所有段落的文本颜色为蓝色（blue）。

程序清单 2-5

```
<style>
body { background-color: yellow; }
p { color: blue; }
</style>
```

5. <script>标签

在HTML文档中，可以通过JavaScript脚本来定义特殊的行为，但JavaScript并不是必需的。大多数情况下，JavaScript都是在由HTML和CSS构建的核心体验的基础上，用于增强访问者的体验，主要用来增强页面的交互性，如实现表单验证、动态显示隐藏内容、加载数据并动态地更新页面、操作audio和video元素控件等。

可以直接在页面中嵌入JavaScript脚本，也可以从外部文件加载脚本。

（1）嵌入脚本。

直接在<script></script>标签中书写JavaScript代码，如程序清单2-6所示。

程序清单2-6

```
<script>
alert("Hello, world!");
</script>
```

一个HTML文档支持多个<script>标签。采用这种方式定义的脚本，只对本文档有效，并且脚本代码需要放在HTML文件，而不是脚本文件中，脚本通常会散落在多个地方，不便于维护，也容易出错。所以，不推荐使用这种方法。

（2）加载外部脚本。

通过<script>标签的src属性指定外部脚本文件的URL，可以把外部脚本加载到本HTML文档中。这里的URL可以是绝对路径，也可以是相对路径，相对路径是相对本HTML文档而言的。

在一个HTML文档中，可以添加多个<script>标签，让它们分别指向不同的脚本文件，这样就可以为一个网页载入多个脚本文件。当加载外部脚本时，script元素必须是空元素，即在开始和结束标签之间不得有任何内容。如程序清单2-7所示，文档会载入外部脚本，脚本文件名称是engine.js，脚本文件与本HTML文档位于相同目录下。

程序清单2-7

```
<script src="engine.js"></script>
```

这种方法是引入脚本最好的方法，多个页面可以加载同一个脚本文件。并且，脚本存放在单独的文件中，需要对脚本进行修改时，只需编辑一个文件，而不是在各个页面中更新相似的脚本，维护起来极其方便。

注意：默认情况下，浏览器会按照脚本在HTML中出现的顺序，依次对每个脚本进行下载（对于外部脚本）、解析和执行。

在处理脚本的过程中，浏览器既不会下载该script元素后面出现的内容，也不会呈现这些内容，这称为阻塞行为（Blocking Behavior）。

这条规则对嵌入脚本和加载外部脚本都有效。可以想象，阻塞行为会影响页面的呈现速度，影响的程度取决于脚本的大小和它执行的动作。

因此，建议最好在页面的最末尾加载脚本，即尽可能地将脚本元素放在</body>的前面，而不是放在head元素中。

2.2.4 HTML主体

HTML主体为body元素，使用<body></body>标签，用于定义文档的正文内容，成对出现。在<body></body>之间的内容即为页面的主体内容，可以是文本、图像、音频、视频、表单及其他交互式内容，它们才是真正要在浏览器中显示，并让访问者看到的内容。

注意：由于HTML元素可以相互嵌套，通过元素层层嵌套，就构成了千变万化的网页。当一个元素包含另一个元素时，把外层元素称作父元素，内层元素称作子元素。子元素还可以再包含子元素，子元素中包含的任何元素，都是外层父元素的后代。在程序清单2-8中，article 元素是 h1、h2、p 元素的父元素，h1、h2、p 元素是 article 元素的子元素（也是后代）。p 元素是 em、a 元素的父元素。em、a 元素是 p 元素的子元素，是 article 元素的后代（但不是子元素）。article 元素是 em、a 元素的祖先。

程序清单 2-8

```
<article>
<h1></h1>
<h2></h2>
<p><em></em><a></a></p>
</article>
```

需要注意的是，当一个元素中包含其他元素时，每个元素都必须正确地嵌套，这些元素的开始标签和结束标签对，不允许相互交叉。

如：<p><a></p></a>，如果先开始 p 元素，再开始 a 元素，就必须先结束 a 元素，再结束 p 元素。而上述代码中，a 元素和 p 元素的标签对之间出现了交叉，此嵌套就是不正确的嵌套。

2.3　HTML 基础语法

排版标签

HTML 文档由 HTML 元素（也可称为标签、标记）组成，HTML 不是一种编程语言，它是一种描述性的标记语言，并使用 HTML 标签来描述 HTML 元素。一个 HTML 元素由一个标签和一组属性组成。一个标签可以有一个或多个属性，属性以名称和值成对出现。标签是 HTML 中最基本单位。

Web 浏览器解析 HTML 文档，并以网页的形式显示出来，浏览器不会显示 HTML 标签，而是通过标签来解释网页的内容。

2.3.1　标签的构成

HTML 标签是由尖括号（"<" 和 ">"）包围的关键词，如标签<html><p>等，标签名称不区分大小写，故<p>和<P>的含义相同，推荐大家使用小写。

HTML 标签分为两种类型：双标签和单标签。

1. 双标签

由两个尖括号标签组成的成对标签称为双标签，如上面介绍的<html><html>、<head></head>、<title></title>、<body></body>等均为双标签。

双标签都是由一对标签组成的，其中前面的标签称为开始标签，后面的标签称为结束标签，开始标签和结束标签用于划定标签的范围，标签之间则包含了标签的内容。如 HTML 元素的开始标签是<html>，结束标签是</html>，结束标签比开始标签多了标签关闭符/，也就是说，一个 HTML 元素由开始标签、内容、结束标签组成。开始标签中包含了尖括号、元素名称及可能的属性，结束标签包含了尖括号、标签关闭符/、元素名称。标签结构的语法格式如图2-6所示。

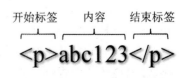

图2-6　标签结构的语法格式

2. 单标签

单标签都是空元素（Empty Element或Void Element），既不包含文本也不包含其他元素。这类元素无须单独的结束标签，只需在开始标签的">"前加一个可选的空格和斜杠即可，如换行标签
。

在HTML中还有一种特殊的标签——注释标签。如果需要在HTML文档中添加一些便于阅读和理解但又不需要显示在页面中的注释文字，就需要使用注释标签。

注释内容不会显示在浏览器窗口中，但是作为HTML文档内容的一部分，会被下载到用户的计算机上，查看源代码时就可以看到<!-- 注释语句 -->，快捷键是 Ctrl+/或者 Ctrl+Shift+/，例如程序清单2-9所示。

程序清单 2-9

```
<!-- 段落开始 -->
<p>...</p>
<!-- 段落结束 -->
```

需要注意的是，注释内容不会显示在浏览器窗口中，但是作为HTML文档内容的一部分，注释标签可以被下载到用户的计算机上，或者用户查看源代码时也可以看到注释标签。

2.3.2 标签中的属性

HTML属性包含了元素的附加描述信息，定义在HTML开始标签中，通常以键/值对的形式出现，还有个别标签的属性为空属性，只有名称没有值。属性的名称和值无关大小写，推荐使用小写。

一个包含属性的标签语法如下：

```
<标签名 属性名1="属性值" 属性名2="属性值"…属性名N="属性值"></标签名>
```

代码<a href="http: //www.baidu.com">百度一下</a>展示了一个标签名为a的超链接标签，拥有一个名为href的属性，其属性值为百度网站的地址http://www.baidu.com。

<img src="D:\img\logo.png">展示了一个标签名为img的图片标签，这是一个空标签，不包含内容，但是拥有一个名为src的属性，其属性值为一张图片资源的位置。

大多数的HTML元素都拥有多个属性，如果省略某个属性，则该属性使用默认值。在定义多个属性时，各属性之间没有次序之分，属性的键/值对之间必须用空格隔开，标签的属性值需要使用双引号、单引号或不使用引号，推荐使用双引号。

2.4 文本控制标签

设计Web页面时要组织好页面的基本元素，同时再配合一些特效，构成一个绚丽多彩的页面。页面的组成对象包括文本、图片、表单、超链接以及多媒体等。内容是网站的灵魂，而文本则是构成网站灵魂的物质基础。文本与图片在网站上的运用是最广泛的，一个内容充实的网站必然会用大量的文本和图片，然后把超链接应用到文本和图片上，才能使这些文本和图片"活"起来。HTML中，提供了大量的文本控制标签，用于标记不同格式的文本内容，不同的标签对应了不同的含义，其中最常见的有标题标签h、文本段落标签p、换行标签br等。

2.4.1　标题标签 <h>

标题标签也叫作 <h> 标签，HTML中一共有 6 种大小的标题标签，是网页中对文本标题进行描述的一种标签，从<h1>、<h2>、<h3>到<h6>定义标题的 6 种不同文字大小标签，可以描述不同层次的文档标题。

h1 定义最大的标题，h6 定义最小的标题。<h>标签以<h>开始，以</h>结束。h1，h2，h3，h4，h5，h6作为标题标签，可以表示重要程度的递减、组织文档结构，程序清单 2-10 展示了<h>标签的用法。

程序清单 2-10

```
<h1>h1标题</h1>
<h2>h2标题</h2>
<h3>h3标题</h3>
<h4>h4标题</h4>
<h5>h5标题</h5>
<h6>h6标题</h6>
```

默认情况下，浏览器会把标题渲染为加粗字体，h1 的字体最大，h6 的字体最小，表示内容的重要性逐级降低。并且，为了防止标题和内容过分拥挤，浏览器通常会在标题的上下，各留出一定的间隙。显示效果如图2-7所示。

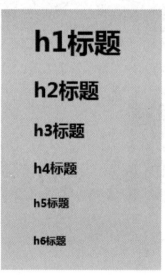

图2-7　<h>系列标签显示效果

2.4.2　文本段落标签 <p>

HTML中使用<p>标签表示一段文字，以<p>标签开始，以</p>标签结束。因为HTML会忽略在文本编辑器中的回车键和空格（多个空格只显示一个），要在网页中开始一个新的段落，应该使用<p>标签（p 是 paragraph 的缩写）。

<p>标签最常见的用法就是放置文本，段落会自动换行。并且，为了防止段落之间过于拥挤，大部分的浏览器都在段落与段落之间设置一定的空隙，如程序清单2-11所示。

程序清单 2-11

```
<p>段落1</p>
<p>段落2</p>
<p>段落3</p>
```

显示效果如图2-8所示。

段落1

段落2

段落3

图2-8 多个<p>标签显示效果

2.4.3 水平分隔线标签<hr>

<hr>标签用于创建一条水平分隔线,可以将文档分隔成不同的部分。<hr>标签是一个单标签,需要使用"/"来正确地关闭,其格式为<hr />,如程序清单2-12所示。

程序清单 2-12

```
<h1>标题</h1>
<hr>
<p>段落1</p>
```

分隔线会将内容上下分隔为两部分,显示效果如图2-9所示。

标题

段落1

图2-9 分隔线显示效果

2.4.4 换行标签

默认情况下,浏览器会忽略文本编辑器中的换行,当然,如果文字超出所在区域范围时,浏览器会使文本内容自动换行。有时候,需要进行强制内容换行时,就可以使用
标签。
标签是一个单标签,需要使用"/"来正确地关闭,格式为
,如程序清单2-13所示。

程序清单 2-13

```
<h1>静夜思</h1>
床前明月光,<br>
疑是地上霜。<br>
举头望明月,<br>
低头思故乡。
```

当浏览器解析到\<br\>标签时，会自动换行显示，显示效果如图2-10所示。

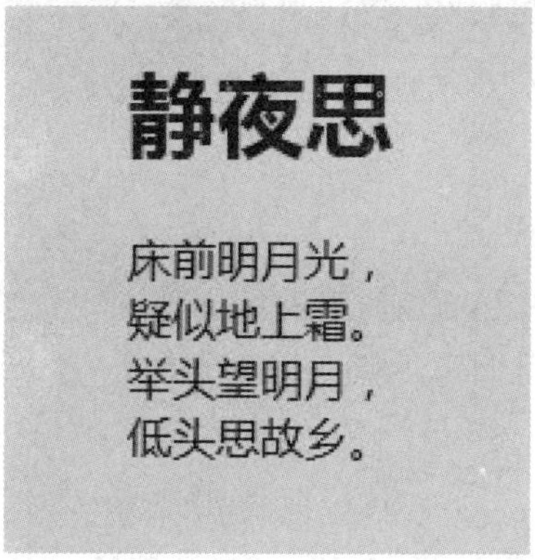

图2-10　\<br\>标签显示效果

2.4.5　\<b\>标签

\<b\>标签，即bold，\<b\>标签的作用是将文本设置为粗体，以便使其具有更强烈的对比度。它可以用于强调文本，使其在文章中显得更加突出，从而更容易被读者记住。它也可以用于为文本添加标题，以便更好地把握文章的结构，如程序清单2-14所示。

程序清单 2-14

```
<p>
    HTML不是一种编程语言，而是一种描述性的<b>标记语言</b>(markup language)
</p>
<p>
    它使用标签来<b>描述网页结构</b>负责将网页内容进行格式化，使内容更具逻辑性
</p>
```

当浏览器解析到\<b\>标签时，会自动将字体加粗，显示效果如图2-11所示。

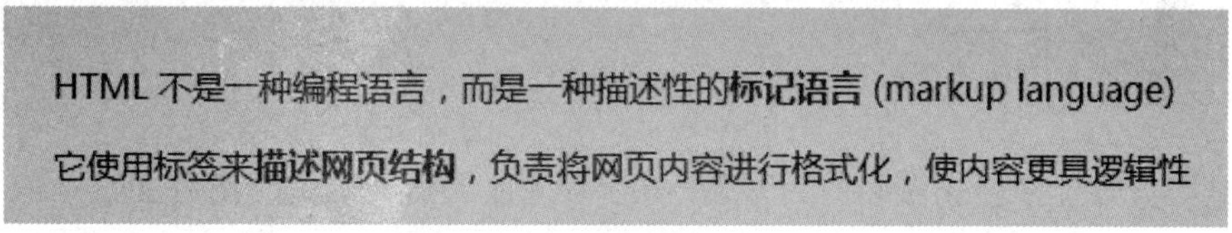

图2-11　\<b\>标签显示效果

2.4.6　\<i\>标签

\<i\>标签，即italic，放置在\<i\>标签中的内容会自动倾斜显示，如程序清单2-15所示。

程序清单 2-15

```
<p>
    <i>HTML</i> 不是一种编程语言，而是一种描述性的<b>标记语言</b>(markup language)
</p>
```

当浏览器解析到\<i\>标签时，会自动将字体加粗，显示效果如图2-12所示。

HTML 不是一种编程语言，而是一种描述性的**标记语言** (markup language)

图2-12　\<i>标签显示效果

2.4.7　特殊字符标签

浏览网页时常常会看到一些包含特殊字符的文本，如数学公式、版权信息等。那么如何在网页上显示这些包含特殊字符的文本呢？在HTML中为这些特殊字符准备了专门的替代代码，如表2-3所示。

表 2-3　特殊字符标签

特殊字符	描述	字符代码
	空格符	\
<	小于号	\<
>	大于号	\>
&	和号	\&
¥	人民币	\¥
©	版权	\©
®	注册商标	\®
°	摄氏度	\°
±	正负号	\±
×	乘号	\×
÷	除号	\÷

2.5　图片标签

图片标签

图片是网页设计中至关重要的元素之一。合理地嵌入图片不仅能使网页的
展示更加美观，还能丰富网页的内容，提升用户的阅读体验。在网页设计中，图片的位置和数量都扮演着关键的角色，正确放置图片能够平衡网页的构图和布局，创造出视觉冲击力，同时，图片的数量也需要控制得当，过多或过少都可能影响用户的阅读感受。通过巧妙地结合图片和文字，我们可以为用户带来更加愉悦和高效的浏览体验。

2.5.1　支持的图片类型

当在网页中使用标签嵌入图像后，浏览器在解析HTML时，会自动加载对应的图像。图像的格式种类繁多，如JPG、GIF、BMP、PNG等，而Web开发中常用的图像格式为JPG、GIF、PNG。下面对网页中常出现的图片格式进行介绍。

JPG：JPG（JPEG）图像格式是在Internet上被广泛支持的图像格式。JPG格式采用的是

有损压缩，会造成图像画面的失真。不过压缩之后的体积很小，适合在网络中传输，显示较为清晰，因此比较适合在网页中应用。

GIF：GIF 图像格式是网页中使用最广泛、最普遍的一种图像格式。GIF 文件支持透明色，使得 GIF 在网页的背景和一些多层特效的显示上用得非常多。它最突出的一个特点是支持动画，也就是常说的动态图，因此 GIF 图像在网页中应用非常广泛。

BMP：BMP 图像在 Windows 操作系统中使用得比较多，它是位图（Bitmap）的英文缩写。由于不支持文件压缩，图片体积较大，不适合于网络传输，因此在 Web 中很少使用。

PNG：PNG 兼有 GIF 和 JPG 的特性，并且支持无损压缩，其设计目的是试图替代 GIF 和 TIFF 文件格式，同时增加了一些 GIF 文件格式所不具备的特性。

通过对以上图片格式的对比，如果我们希望图片质量较好，如显示一些高清海报、壁纸等，则可以采用 JPG 格式。如果希望图片文件占用空间比较小，则可以使用 GIF 格式。如果希望在二者之间达到平衡，则可以使用 PNG 格式。

2.5.2　<img>标签

HTML 中，通过<img>标签向网页嵌入一幅图片。<img>标签是一个单标签。在<img>标签中，通过 src 属性来指定图片的具体位置。图片的位置可以使用两种形式表示，分别为绝对路径与相对路径，两者之间的区别在下节会做详细讨论，此处先使用容易理解的绝对路径，既通过设置图片的完整路径来嵌入图片，如程序清单 2-16 所示。

程序清单 2-16

```
<h3>小猫</h3>
<img src="D: \myweb\images\cat.jpg">
```

通过使用<img>标签的 src 属性指定 D 盘根目录下 myweb\image 下的 cat.jpg，在网页上嵌入图像，如图 2-13 所示。

小猫

图 2-13　<img>标签的使用

由于浏览器是将所有的 HTML 标签解析完毕后，才会将图片显示在对应的位置，因此在解析 HTML 标签时，并不会将图片本身插入到网页中，而是会先创建一个外部图片的占位符，当图片加载完毕后，再用图片代替之前的占位符，而当 src 属性指定的图片不存在时，页面上只会显示图片的占位符，无法显示图片，如程序清单 2-17 所示。

程序清单 2-17

```
<h3>小猫</h3>
<img src="D:\myweb\images\">
```

由于代码并没有指定具体的图片，浏览器无法加载到对应的图片，显示时，只会出现一个占位符，如图2-14所示。

对用户来说，这种方式并不是特别友好，他们无法正确了解到这幅图像的真正含义。于是，可以通过alt属性，来为图片添加一段描述性文本，当图片不能正常显示时，浏览器就会将这段文字显示出来，如程序清单2-18所示。

小猫

图2-14 图片加载失败

程序清单 2-18

```
<h3>小猫</h3>
<img src=" D:\myweb\images\" alt="灰色的小猫">
```

设置了alt属性后，当图片缺失无法显示时，在原本显示图片的地方，就会显示alt属性定义的替代文本"灰色的小猫"，用户可以通过alt属性了解该图片的含义。并且，屏幕阅读器可以朗读这些文本，帮助视觉障碍的访问者了解图片的内容，这样的设计使用户的体验更佳。

默认情况下，浏览器会根据图片原始尺寸进行显示，也可以通过<img>标签的width和height属性，来分别设置图像的宽度和高度，属性的值为数字，单位为像素，如程序清单2-19所示。

程序清单 2-19

```
<h3>小猫</h3>
<img src="D:\cat.jpg" alt="灰色的小猫" width="500" height="200">
```

如上代码指定图片的宽度、高度分别为500像素和200像素，不过很少会同时设定图片的宽度和高度，因为如果设置的图片的宽度和高度不符合图片原本的宽高比例，那么在显示时，就会出现图片比例失调的情况。

因此，图片宽度和高度可以只设置其中之一，而另一个值会根据图片的原始尺寸进行等比例缩放。不过需要特别注意的是，不论图片的宽高设置为多大或多小，都只是改变图片在浏览器上显示的尺寸而已，并不改变图片实际的大小，也不会影响图片加载的时间。

2.5.3　路径

在Web开发中，少不了跟路径打交道，路径可以理解为一个资源的位置，该资源可以是图片，也可以是一个其他类型的文件，或后面还会经常用到CSS文件及JS文件，而使用这些文件的前提是先要确定文件的位置，如果使用了错误的文件路径，就会导致引用失效（如无法显示嵌入的图片）。

路径可以分为相对路径与绝对路径，这两者往往是初学者最困惑的知识点之一，下面详细地介绍相对路径与绝对路径的概念。

1. 绝对路径

首先在D盘根目录下创建一个名称为myweb的文件夹作为网站目录，在此文件夹下创建一个名为index.html的网页文件，通常情况下，由于网站中的图片会比较多，因此在myweb文件夹下再创建一个名称为images的文件夹用于保存图片，同时将上节使用到的cat.jpg图片放入到此文件下，目录结构如图2-15所示。

图2-15　目录结构

在index.html中使用绝对路径的方式，将图片嵌入到网页中，代码如程序清单2-20所示。

程序清单 2-20

```
<img src="D:\myweb\images\cat.jpg" alt="灰色的小猫">
```

在\<img\>标签的src属性中通过指定图片的完整路径"D:\myweb\images\cat.jpg"来嵌入图片，而这种通过完整路径描述文件位置的方式，称为绝对路径。之所以称为完整的路径，是因为可以通过绝对路径直接定位到资源的位置。

绝对路径的方式虽然使用简单方便，但并不适合Web开发，因为编写好的HTML文件最终会部署到Web服务器中，并不会一直放在计算机的某个盘区中，如果使用绝对路径就会导致网站部署到Web服务器时，找不到对应的文件资源。而Web开发中常用的是相对路径的方式。

2. 相对路径

相对路径并非完整的路径，而是相对于**当前目录**的路径。"当前目录"是初学者最容易困惑的地方，可以将当前目录理解为，目前编辑的代码文件所在的目录，如目前编辑的代码是位于D盘下的myweb文件夹的index.html文件，那么index.html所在的文件夹就是当前目录，当然，如果编辑的代码文件换到了C盘下的某个文件夹下，那么当前目录也会随之变化。

以上节课中演示绝对路径的代码为例，在index.html中使用相对路径的方式引入图片资源，代码如程序清单2-21所示。

程序清单 2-21

```
<img src="./images/cat.jpg" alt="灰色的小猫">
```

首先注意src属性中的路径分隔符"/"，之前的绝对路径中使用了"\"，这两种斜线都可以用作路径分隔符，但是推荐读者使用"/"，因为在大部分的操作系统如Linux、Mac OS中都是使用"/"作为路径分隔符的，而只有Windows系统才使用"\"作为路径分隔符，不过Windows系统也支持"/"作为路径分隔符，因此为了让程序更加通用，建议读者应尽量使用"/"作为路径分隔符。

接下来会发现在src设置的图片路径中出现了"./"，这里的"./"代表当前目录，也就是当前代码文件所在的目录，即"D：\myweb\"目录，而后续的路径"images/cat.jpg"和"./"正好描述了图片文件所在的位置。

"./"符号是可以省略的，如程序清单2-22所示。

程序清单 2-22

```
<img src="images/cat.jpg" alt="灰色的小猫">
```

考虑另一种更加复杂的情况，在myweb目录中新建一个名为pages的文件夹，将index.html文件移动到pages目录中，目录结构如图2-16所示。

再次打开网页，发现图片无法显示，因为目前代码所在的目录为"D:\myweb\pages\"，而在src中设置的路径依然是"src=images/cat.jpg"，此时的当前目录变化为"D:\myweb\pages\"，浏览器会从pages目录下寻找images文件下的cat.jpg图片，显然是找不到的。

图2-16 目录结构

此时只需在当前目录的基础上，跳到上一层目录（"D：\myweb\"）即可，代码如程序清单2-23所示。

程序清单 2-23

```
<img src="../images/cat.jpg" alt="灰色的小猫">
```

此时src中使用的是"../"，代表上一级目录，而上一级目录下是存在images文件夹的，再次打开网页，文件正常显示。

如果是上上一级目录又该如何表示呢？其实只需要写两次"../"即可（"../../"），但是此种情况很少出现，路径分类如表2-4所示。

表2-4 路径分类表

路径分类	符号	说明
同一级路径		只需输入图片文件的名称即可，如<img src="cat.jpg"/> ∨ ▣ myweb ▦ cat.jpg ---**图片文件** <> demo.html ---**HTML文件**

下一级路径	"/"	图片文件位于HTML文件同级文件夹下（图片文件夹名称为images），如<img src="images/cat.jpg"/>
		 ∨ ▣ myweb
		  ∨ 📁 images
		   ▦ cat.jpg ---**图片文件**
		  <> demo.html ---**HTML文件**

上一级路径	"../"	在文件名之前加入"../"，如果是上两级则使用"../../"，以此类推，如<img src="../cat.jpg"/>
		 ∨ ▣ myweb **通过"../"返回到HTML文件所在的上一级文件**
		  📁 page **即返回到和图片文件所在的同级目录**
		   <> demo.html ---**HTML文件**
		  ▦ cat.jpg ---**图片文件**

2.6　布局标签

布局标签

<div>和<span>标签常用作布局工具，我们俗称盒子，用于容纳内容。

<div>和<span>标签都没有像h1、p那种具体明确的语义，就是普普通通的盒子。HTML5也增加了更多的布局标签，此时的布局标签就有了明确的语义。

1.<div>标签

div：全称division，具有分割、区域、跨度的意思，俗称大盒子。

<div>是双标签，是最经典的容器级标签，内部可以放置任意内容，不像<h1>等对内部内容有限制，这是<div>标签的一个好处。

div的作用：多用于划分网页区域，进行结构布局，一般将相关的内容使用<div>包裹起来，用于整体设置大的布局效果。

2.<span>标签

span：具有小区域、小跨度的意思，俗称小盒子，<span>也是双标签，容器级标签。

span的作用：在不改变整体效果的情况下，可以辅助进行局部调整。

2.7　案例——社会主义核心价值观页面

根据效果图（见图2-17），将页面通过水平线划分为4部分，搭建页面4部分结构再设置效果，参考程序清单2-24完成，具体制作思路如下。

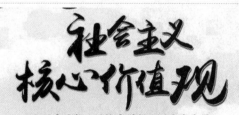

图2-17　社会主义核心价值观效果图

1. 搭建页面结构

第一部分是一张图片，用 <img> 标签实现，加 hr 水平线隔开；第二部分使用三个 <p> 标签，"国家层面、社会层面、个人层面"用<span>包含，再用 CSS 实现，加 hr 水平线隔开；第三和第四部分每行使用一个 <p> 标签，"文化软实力""made a way of thinking for students"用<u>和<i>标签实现加粗斜体效果。所有内容需要居中对齐，在<body>中加 align 属性，设置为 center。

2. 添加 CSS 样式（后面具体学习）

提取相同样式字号，加粗，下画线，斜体，再单独设置颜色样式。

程序清单 2-24

```
<style>
   span{
      font-size: 20px;text-decoration: underline;
      font-weight: bold;font-style: italic;
   }
</style>
<body align="center">
   <img src="he.jpg" alt="" width="500px">
   <hr>
   <p>
      <i>富强、民主、文明、和谐</i>是
      <span style="color: red;">国家层面</span>的价值目标。
   </p>
   <p>
      <i>自由、平等、公正、法治</i>是
      <span style="color:orange;">社会层面</span>的价值目标。
   </p>
   <p>
      <i>爱国、敬业、诚信、友善</i>是
      <span style="color: purple;">个人层面</span>的价值目标。
   </p>
      <hr>
   <p>Core socialist values are the soul of cultural soft power.</p>
      <p>社会主义核心价值观是<b><i>文化软实力</i></b>的灵魂。</p>
      <hr>
   </p>Core socialist values should be incorporated into the curriculum
</p>
      <p>and classrooms and<b><i>made a way of thinking for students.</i>
</b>
      </p>
   <p>要把社会主义核心价值观融入课程和课堂，让学生成为一种思维方式。
   </p>
</body>
```

2.8　习题

扫描二维码，查看习题。

2.9　练习

1. 使用 HBuilder X 建立一个 HTML 文件，要求：
（1）设置文档声明头，要求遵循 HTML5 规范。
（2）设置字符集为 utf-8，在浏览器中能够正确显示中文内容，不能出现乱码。
（3）设置页面描述信息和关键字。
（4）设置标题信息。
2. 使用 HBuilder X 建立一个 HTML 文件，要求：
（1）设置\<p\>标签和\<h1\>～\<h6\>标签。
（2）尝试在\<p\>标签中嵌套\<h\>标签，是否可行？
（3）尝试在\<h\>标签中嵌套\<p\>标签，是否可行？
（4）使用 Chrome 的开发者功能对此页面进行页面元素的查看和调试。
（5）使用 Chrome 的开发者功能对百度首页进行页面元素的查看和调试。
（6）尝试使用其他浏览器进行页面元素的查看和调试。
3. 在 HTML 页面上显示三张图片，要求：
（1）将 HTML 文件放置在文件夹 web 下。
（2）将图片1放置在与 HTML 文件同级的文件夹 photo1 下。
（3）将图片2放置在与 web 文件夹同级的文件夹 photo2 下。
（4）将图片3放置在 web 文件夹上层文件夹下。

第3章 列表与超链接

本章学习目标

本章学习目标

◇ 了解超链接的基本概念
◇ 掌握超链接和锚点的基本使用
◇ 掌握列表的使用

思维导图

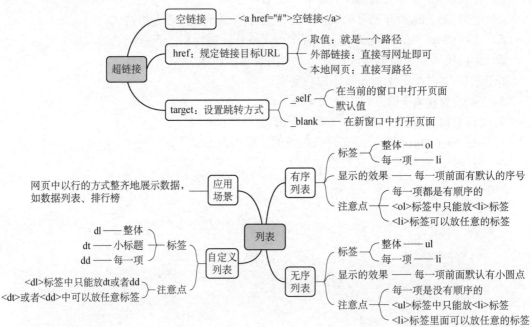

万维网是由无数个网页组合而成的平台，而超链接则是万维网中众多页面的桥梁，如果没有超链接，则每个页面都只能孤立地成为小岛，无法达到"网"的效果。通过链接，可以建立同其他网页的链接，可以说，没有链接，也就没有万维网。

3.1 超链接的基本使用

网页中，通过链接来指向一个目标资源，这个目标可以是网页，也可以是

链接标签

万维网中的某个文件、网页中的某个位置、图像，甚至是一个应用程序。需要注意的是，当使用超链接指向某个文件时，浏览器一般都会自动下载对应的资源，而当链接指向某个应用程序时，系统会自动打开此应用程序，这个场景在手机设备上尤为常见，经常遇到在手机的网页中单击时会自动打开了某个App，这都是由于超链接的缘故。

链接本身可以是图像、表格、音频、视频等，单击这些内容会跳转到新的页面或当前页面的某个具体位置（锚点）。一般情况下，当鼠标指针移动到网页中的某个链接上时，鼠标指针会由箭头变为一只手形图标。

HTML中使用<a>标签表示超链接，使用<a>作为标签的开始，使用</a>作为闭合标签，中间填充具体内容，填充的内容可以是文字，也可以是图片，如程序清单3-1所示。

程序清单 3-1

```
<a href="跳转目标" target="目标窗口的弹出方式">链接内容</a>
```

href属性：用来规定链接目标URL，即希望跳转到的资源的地址，否则单击超链接时浏览器不会做任何跳转。需要注意的是，如果设置了href属性，但是**href属性的值为空，那么单击超链接时会导致当前页面刷新**。

target属性：用于指定链接页面的打开方式，取值有以下几种。

- _self：默认值，表示在当前的窗口中打开页面。
- _blank：在新的窗口中打开页面。
- _top：表示页面载入到包含该链接的窗口中。
- _parent：在父级窗口中打开页面。

超链接<a>标签中间部分称为链接文本，即用户能够在页面上看到的内容，而href中的内容，用户无法直接看到，通常当将鼠标指针挪动到链接文本上时，超链接对应的地址信息会被显示在浏览器的左下角。

代码<a href="http：//www.baidu.com" >百度一下</a>可以在原窗口中打开百度首页，<a href="http://www.baidu.com" target="_blank">百度一下_blank</a>可以在新窗口中打开百度首页，运行效果如图3-1所示。

图3-1　超链接运行效果

当单击"百度一下"时，浏览器会自动在当前标签页跳转到百度的首页，超链接中如果是文字内容，浏览器就会自动在文字的下方加上下画线，而在大部分网站上看到的超链接都是没有下画线的，这是通过CSS技术实现的，在后面的章节中会做介绍。

注意：暂时没有确定链接目标时，通常将<a>标签的href属性值定义为"#"（即href="#"），表示该链接暂时为一个空链接。

3.2　锚点

超链接除了可以跳转到其他页面以外，还可以在用户页面内部实现跳转，当超链接用于页面内部的跳转时，这种链接称为锚点，锚点可以帮助快速跳转到指定的元素位置，类似于阅读书籍时的目录页码或章节提示。如果需要跳转到页面的特定部分，则使用锚点是最佳的方法，还有一个最常见的场景是，很多页面会在右下角创建一个锚点，当访问者单击锚点时，会自动跳转到页面的顶部。

根据锚点跳转方式的不同，可以将锚点分为两种，分别是页面内部的锚点和跨页面的锚点。

3.2.1　页面内部的锚点

由于锚点是跳转到页面内部的某个位置的，如果页面内部不够多，只有一屏的内容，即使单击了锚点，也不会产生任何效果，因此在HTML代码中应多添加一些内容以保证页面的内容足够多，使浏览器出现垂直的滚动条。新建一个HTML页面，并命名为anchors.html，代码如程序清单3-2所示。

程序清单 3-2

```
<p id="top">顶部</p>
<h3>锚点的用法</h3>
<h3>锚点的用法</h3>
<h3>锚点的用法</h3>
...
<h3>锚点的用法</h3>
<h3>锚点的用法</h3>
<h3>锚点的用法</h3>
<a href="#top">点我跳转到顶部</a>
```

当单击页面底部的超链接时，浏览器会自动将页面滑动到页面的顶部，其原理是，<a>标签中的href属性，通过"#"指定了需要跳转到的元素的位置，"#"后面紧接着的是另一个元素的id属性值，浏览器会根据此属性值，找到页面顶部的元素p，然后将页面滑动到p元素所在的位置，如图3-2所示。

图3-2　锚点链接

id 属性是所有标签的通用属性，其作用是唯一标记一个标签，其属性值由字母、下画线、数字组成，不能以数字开头，并且多个标签的 id 属性值不能相同。需要注意的是，"#" 是不能省略的，否则，浏览器会寻找一个名为 top 的页面，但是此页面并不存在，因此会导致浏览器无法找到页面。

3.2.2　跨页面的锚点

跨页面的锚点和页面内部的锚点类似，只不过是指定跳转到其他页面的某个位置，新建一个 HTML 页面并命名为 dump.html，与上节的 anchors.html 存储在同一目录中，方便使用相对路径跳转，dump.html 代码如程序清单 3-3 所示。

程序清单 3-3

```
<a href="anchors.html#bottom">跳转到anchors页面的底部</a>
```

调整 anchors.html 的代码如程序清单 3-4 所示。

程序清单 3-4

```
<h3>锚点的用法</h3>
<h3>锚点的用法</h3>
<h3>锚点的用法</h3>
...
<h3>锚点的用法</h3>
<h3>锚点的用法</h3>
<h3>锚点的用法</h3>
<p id="bottom">底部</p>
```

当单击 dump.html 中的超链接时，浏览器会首先根据相对路径，跳转到当前目录下的 anchors.html，而后，通过 "#" 后的 id 属性值，再定位到 anchors.html 中对应的元素，跳转到对应的位置。

3.3　图片与超链接结合使用

超链接标签中的链接文本，除了可以是一段文字以外，也可以是一幅图片，这种情况在网页中非常常见，比如单击某个商品的图片，跳转到对应的商品页面等。只需再将之前超链接中的文本内容，使用 <img> 标签替换即可，其他的不需要做任何更改，一个可以单击的图片就产生了。

代码如程序清单 3-5 所示。

程序清单 3-5

```
<a href="http: //www.huike.com/">
   <img src="images/huike.jpg">
</a>
```

图 3-3　图片与超链接结合使用效果

显示效果如图 3-3 所示。

当将鼠标指针移动到图片上时，图片的箭头会变为小手，单击时，会自动跳转到慧科官网。

3.4　无序列表

列表在网页中使用非常频繁，用于网页结构的排版，比如新闻网站中的新闻列表，电商网站中的商品列表，这些大量有规律的、重复出现的内容，都可以使用列表完成。列表可以分为三种，分别为无序列表、有序列表、自定义列表。所有的列表都是由父标签和子标签构成的，父标签用于指定要创建的列表类型，子标签用于指定要创建的列表项。

无序列表，是指所有表项之间没有先后顺序的列表。如果不需要强调列表项中的顺序，则可以使用无序列表。

无序列表的父标签为<ul>（Unorder List），列表项为<li>（List Item）标签，通常<li>标签会存在多个，如程序清单3-6所示。

程序清单 3-6

```
<ul>
    <li>苹果</li>
    <li>橘子</li>
    <li>香蕉</li>
</ul>
```

显示效果如图3-4所示。

需要注意的是，<ul>标签的内部只能嵌套<li>标签，原则上不能嵌套其他的标签，而<li>标签的内部则可以放入任意的标签内容。

浏览器会给每个列表项的前面加上一个实心圆，大家经常在网页上看到的列表其实都是没有这个实心圆的，这个符号可以使用后面学习的CSS技术去除。

- 苹果
- 橘子
- 香蕉

图3-4　无序列表显示效果

3.5　有序列表

有序列表，是指所有表项之间有先后顺序的列表。如果列表项之间有顺序之分，那么就可以使用有序列表。

有序列表、无序列表

浏览器会给有序列表的每个列表项加上序号，有序列表的父元素为<ol>标签，列表项为<li>标签。在<ol>标签中，通过start属性指定列表项的起始编号；通过type属性指定序号的类型，默认情况下序号会使用从1开始递增的数字，如程序清单3-7所示。

程序清单 3-7

```
<ol>
  <li>苹果</li>
  <li>香蕉</li>
  <li>橘子</li>
</ol>
```

显示效果如图3-5所示。

图3-5　有序列表显示效果

可以通过 start 属性更改真实的序号，如程序清单 3-8 所示。

程序清单 3-8

```
<ol start="5">
<li>苹果</li>
<li>香蕉</li>
<li>橘子</li>
</ol>
```

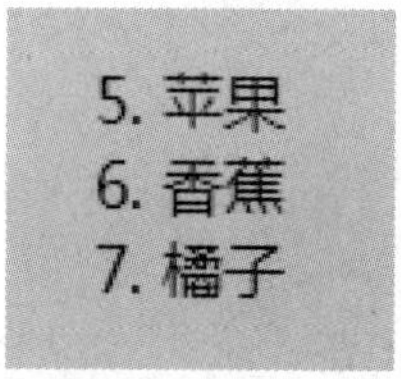

显示效果如图 3-6 所示。

图3-6　有序列表
显示效果

如果不想使用数字作为序号，则可以使用 type 属性，指定序号的类型，如程序清单 3-9 所示。

程序清单 3-9

```
<ol type="a">
<li>苹果</li>
<li>香蕉</li>
<li>橘子</li>
</ol>
```

此时，需要使用小写的英文字母开始排列，type 的属性值可以是小写或大写的英文字母，也可以是小写或大写的字母 i，此时会使用罗马计数法来表示序号。

3.6　自定义列表

自定义列表

自定义列表，是指用于表示一个标题下多个列表项的列表。可以创建由标题和多个列表项构成的组合，如选择题中的一个题目对应多个选项，或一个分类下的多个子分类等。

自定义列表的父标签为<dl>标签，而其中的标题，则为<dt>标签，以及一个或多个<dd>标签，如程序清单 3-10 所示。

程序清单 3-10

```
<dl>
<dt>家用电器</dt>
    <dd>电视</dd>
    <dd>洗衣机</dd>
    <dd>空调</dd>
<dt>影音数码</dt>
    <dd>电脑</dd>
    <dd>手机</dd>
```

```
    <dd>平板</dd>
</dl>
```

显示效果如图3-7所示。

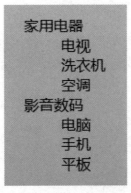

图3-7 自定义列表显示效果

需要注意的是，自定义列表是没有项目符号的，列表项相对于标题会缩进显示。

3.7 案例——中国八大菜系

根据效果图（见图3-8），参考程序清单3-11完成，具体制作思路如下。

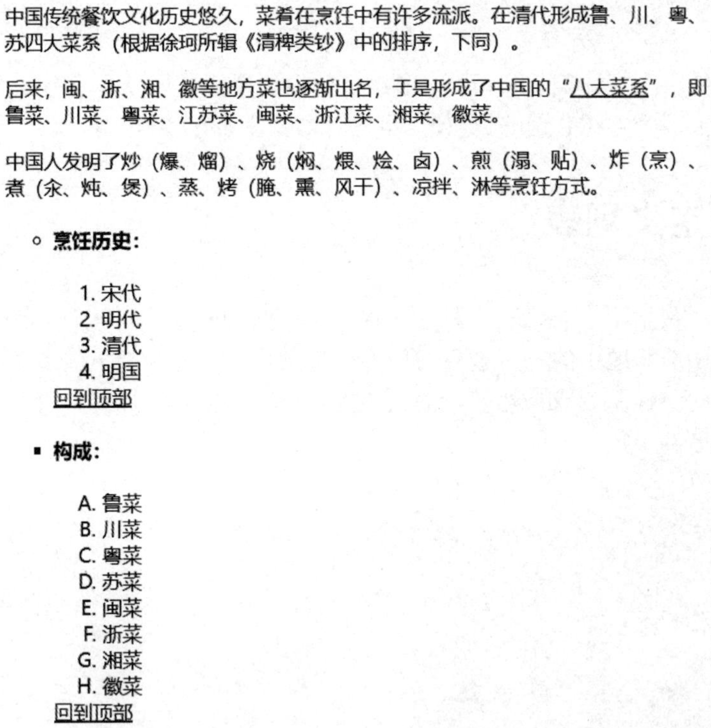

中国传统餐饮文化历史悠久，菜着在烹饪中有许多流派。在清代形成鲁、川、粤、苏四大菜系（根据徐珂所辑《清稗类钞》中的排序，下同）。

后来，闽、浙、湘、徽等地方菜也逐渐出名，于是形成了中国的"八大菜系"，即鲁菜、川菜、粤菜、江苏菜、闽菜、浙江菜、湘菜、徽菜。

中国人发明了炒（爆、熘）、烧（焖、煨、烩、卤）、煎（溻、贴）、炸（烹）、煮（余、炖、煲）、蒸、烤（腌、熏、风干）、凉拌、淋等烹饪方式。

○ **烹饪历史：**

1. 宋代
2. 明代
3. 清代
4. 明国

回到顶部

▪ **构成：**

A. 鲁菜
B. 川菜
C. 粤菜
D. 苏菜
E. 闽菜
F. 浙菜
G. 湘菜
H. 徽菜

回到顶部

图3-8 中国八大菜系效果图

（1）搭建页面结构：三个 <p>标签用于设置文字，其中"八大菜系"使用<a>标签，将其超链接到列表"构成"处。

（2）使用无序列表实现烹饪历史和构成。两块内容中分成数字有序列表和字母有序列表，每个列表加<a>标签跳转到第一个<p>标签。

程序清单 3-11

```
<p id="top">
    中国传统餐饮文化历史悠久，菜肴在烹饪中有许多流派。
在清代形成鲁、川、粤、苏四大菜系（根据徐珂所辑《清稗类钞》中的排序，下同）。
</p>
<p>
    后来，闽、浙、湘、徽等地方菜也逐渐出名，于是形成了中国的"<a href="#caixi">八大菜系</a>"，
即鲁菜、川菜、粤菜、江苏菜、闽菜、浙江菜、湘菜、徽菜。
</p>
<p>
    中国人发明了炒（爆、熘）、烧（焖、煨、烩、卤）、煎（塌、贴）、炸（烹）、煮（汆、炖、煲）、蒸、
烤（腌、熏、风干）、凉拌、淋等烹饪方式。
</p>
<ul>
    <li type="circle">
        <h4>烹饪历史：</h4>
        <ol type="1">
        <li>宋代</li>
            <li>明代</li>
            <li>清代</li>
            <li>明国</li>
        </ol>
        <a href="#top">回到顶部</a>
    </li>
    <li type="Square">
        <h4 id="caixi">构成：</h4>
        <ol type="A">
            <li>鲁菜</li>
            <li>川菜</li>
            <li>粤菜</li>
            <li>苏菜</li>
            <li>闽菜</li>
            <li>浙菜</li>
            <li>湘菜</li>
            <li>徽菜</li>
        </ol>
        <a href="#top">回到顶部</a>
    </li>
</ul>
```

3.8　习题

扫描二维码，查看习题。

3.9　练习

1. 在HTML页面中建立三个超链接，要求：

（1）单击第一个超链接可以跳转至百度主页，鼠标指针悬停时显示"百度主页"，并在新窗口中打开百度主页。

（2）单击第二个超链接可以跳转至当前页面的某一位置。

（3）单击第三个超链接可以跳转至另一页面的某一位置。

2. 定义三种列表，无序列表ul，有序列表ol，自定义列表dl，比较三者不同。

第4章 表格与表单

 本章学习目标

◇ 了解表格的基本概念
◇ 掌握表格的使用方法
◇ 了解表单的基本概念
◇ 掌握表单的基本使用方法
◇ 掌握表单控件的用法

思维导图

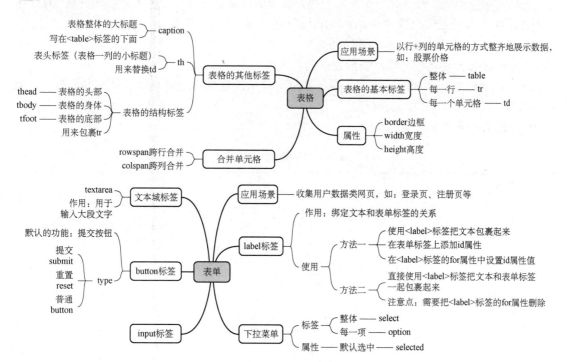

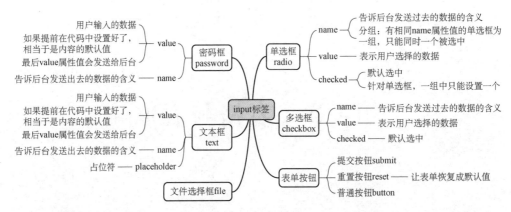

每个人的日常生活中都会经常接触表格，不论是纸质版的表格，还是电子版的表格，常常用它来记录各种信息，如财务数据、人员信息等内容。表格在早期的网页布局中被大量使用，但是在现代的网页中，很少再使用表格做网页布局，取而代之的是DIV+CSS网页布局，但不是完全放弃table表格布局，有时候我们也需要table表格来布局，比如，电子表格型的数据表格。

4.1　表格的定义

表格由多行组成，每行有若干个单元格，单元格可以是标题单元格或数据单元格。HTML表格由table元素以及一个或多个<tr>、<th>或<td>元素组成，其中，

tr：是table row的缩写，表示表格的一行。

th：是table header的缩写，表示表格的表头单元格。

td：是table data的缩写，表示表格的数据单元格。数据单元格可以包含文本、图片、列表、段落、表单、水平线、表格等。

HTML表格标签如表4-1所示。

表格标签

表 4-1　HTML 表格标签

表格标签	用处
<table>	定义表格，生成的表格在一对<table></table>中
<caption>	定义表格标题，如<caption>表格标题</caption>
<thead>	定义表格的页眉
<tbody>	定义表格的主体
<tfoot>	定义表格的页脚
<th>	定义表格的表头，表头中的内容会被加黑
<tr>	定义表格的行
<td>	定义表格单元格
<col>	定义用于表格的列的属性
<colgroup>	定义表格的列的组

4.2 单元格的合并

单元格之间可以按照行或列进行合并，也就是通常所说的单元格合并操作，需要通过 colspan 或 rowspan 进行控制，如程序清单 4-1 所示。

程序清单 4-1

```
<table border="1" width="400" height="150" align="center">
   <tr>
      <th>标题</th>
      <th>标题</th>
      <th>标题</th>
   </tr>
   <tr>
      <td rowspan="2">内容</td>
      <td>内容</td>
      <td>内容</td>
   </tr>
   <tr>
      <td>内容</td>
      <td>内容</td>
   </tr>
</table>
```

显示效果如图 4-2 所示。

标题	标题	标题
内容	内容	内容
	内容	内容

图 4-2　单元格的合并显示效果

通过 rowspan 属性将第一列的后两行单元格进行了合并，通过指定 rowspan="2"，设置第 2 行的第一个单元格需要占据 2 行的空间，需要注意的是，此单元格下方的 tr 中需要删除一个单元格。也可以通过 rowspan 属性完成按列的合并操作，如程序清单 4-2 所示。

程序清单 4-2

```
<table border="1" width="400" height="150" align="center">
   <tr>
      <th>标题</th>
      <th>标题</th>
      <th>标题</th>
   </tr>
   <tr>
```

```
        <td colspan="2">内容</td>
        <td>内容</td>
    </tr>
    <tr>
        <td>内容</td>
        <td>内容</td>
        <td>内容</td>
    </tr>
</table>
```

显示效果如图4-3所示。

标题	标题	标题
内容		内容
内容	内容	内容

图4-3　单元格的合并显示效果

通过colspan属性将第二行的前两个单元格进行了合并，通过指定colspan="2"，设置第2行的第一个单元格需要占据2列的空间，需要注意的是，此单元格所在的tr中需要删除一个单元格。

4.3　美化表格和单元格

上面两个案例中给<table>标签设置了width、height属性，用于设置表格的宽度和高度，同时通过align="center"属性，使表格在页面中水平居中显示。

为了让表格更美观，我们会用到border、colspan、rowspan、align、bgcolor等属性，同时也可以对单元格进行相关属性设置进行美化。

1. 单元格边框（border）

使用<table border= "1"></table>的方式来定义单元格边框，其中，数字表示边框的宽度，单位为像素，程序清单4-3为无边框的举例，图4-4分别为单元格边框border设为1、2和10的效果。

程序清单 4-3

```
<!--无边框-->
    <table>
        <tr>
            <th>编号</th>
            <th>姓名</th>
            <th>性别</th>
        </tr>
```

```
    <tr>
        <td>1</td>
        <td>张三</td>
        <td>男</td>
    </tr>
    <tr>
        <td>2</td>
        <td>李四</td>
        <td>女</td>
    </tr>
</table>
```

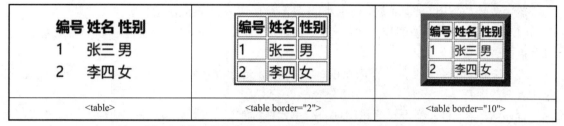

图4-4　单元格边框设置效果（border设为1、2、10）

2. 单元格的对齐（align）（居中，左对齐，右对齐）

在对应的标签上增加align键值对，可设置单元格的对方方式，align属性及属性值如表4-2所示，生效方式为"就近原则"，如程序清单4-4所示，给李四所在第2行设置了对齐方式为right，但生效的是李四单元格对齐方式为left，第2行的其他两个单元格的对齐方式是right，效果如图4-5所示。

表4-2　单元格的对齐（align）属性及属性值

align值	left	center	right
效果	左对齐	居中	右对齐

程序清单 4-4

```
<table width="600" border="1">
    <tr align="center">
        <th> 编号 </th>
        <th>姓名</th>
        <th>性别</th>
    </tr>
    <tr>
        <td align="center">1</td>
        <td align="left">张三</td>
        <td align="right">男</td>
    </tr>
    <tr align="right">
        <td>2</td>
        <td align="left">李四</td>
```

```
    <td>女</td>
  </tr>
</table>
```

编号	姓名	性别
1	张三	男
2	李四	女

图4-5　单元格对齐效果图

3. 背景色&图片（bgcolor & background）

添加背景色使用 bgcolor 属性，添加背景图片使用 background 属性。

（1）单元格背景色&图片：在单元格的标签上增加 bgcolor 或者 background，就可以添加背景色或者背景图片。

（2）表格背景色&图片：在表格的标签上增加 bgcolor 或者 background，就可以添加背景色或者背景图片。

程序清单 4-5 给表格设置背景图片，给单元格设置背景颜色，效果如图4-6所示。

程序清单 4-5

```
<table width="600" border="2" background="image/bg.jpg">
  <tr align="center">
    <th> 编号 </th>
    <th>姓名</th>
    <th>性别</th>
  </tr>
  <tr>
    <td align="center">1</td>
    <td align="left" bgcolor="red" >张三</td>
    <td align="right">男</td>
  </tr>
  <tr align="right">
    <td>2</td>
    <td align="left">李四</td>
    <td>女</td>
  </tr>
</table>
```

图4-6　背景图片和背景颜色设置效果

4. 单元格的边距（cellpadding）和单元格间的距离（cellspacing）

在\<table>\</table>标签中使用 cellpadding、cellspacing 来设置单元格的边距和单元格间的距离，图4-7所示的是设置单元格的边距（cellpadding）为8的效果，图4-8所示为设置单元格间的距离（cellspacing）为8的效果。

编号	姓名	性别
1	张三	男
2	李四	女

图4-7　单元格的边距设置效果（cellpadding＝8）

编号	姓名	性别
1	张三	男
2	李四	女

图4-8　单元格间的距离设置效果（cellspacing＝8）

4.4　表单的基本概念

表单的基本概念

HTML 中的表单是网站的重要组成部分，它几乎无处不在，如网站的登录、注册、发送邮件、搜索商品等，这些功能都离不开表单。HTML 表单的主要作用是收集用户输入的数据，比如账号、密码等信息，当用户提交表单时，浏览器将用户在表单中输入的数据打包，并发送给服务器，从而实现用户与 Web 服务器的数据交互。

在 HTML 中，一个完整的表单通常由表单控件、提示信息和表单域3个部分构成，如图4-9所示。

图4-9　表单构成

1. 表单域

用\<form>\</form>表示，相当于一个容器，用来容纳所有的表单控件和提示信息，可以通过它处理表单数据所用程序的 URL 地址，定义数据提交到服务器的方法。如果不定义表单域，则表单中的数据就无法传送到后台服务器。\<form>标签有 5 个重要属性：name、action、method、target 和 enctype 属性，这几个属性不需要全部设置，唯一需要设置的是 action 属性，不然表单无法提交。

（1）name 属性：一个页面上的表单可能不止一个，为了区分这些表单，就需要使用 name 属性给表单命名，需要注意的是表单名称中不能包含特殊字符和空格。

（2）action属性：用于指定表单数据提交到哪个地址的服务器进行处理。

（3）method属性：作用是告诉浏览器表单中的数据使用哪一种HTTP发送方法，向服务器发送表单数据。最常用的是get和post提交方式，默认是get方式。

无论采用哪种发送方式，表单数据都会以键值对的形式发送到服务器。键是表单控件name属性的值，值是用户在表单控件中输入或选择的值。多个参数会被浏览器自动使用&符号进行连接。

程序清单4-6创建了一个用于登录的表单。

程序清单 4-6

```
<form action="login.php" method="post">
    用户名：<input type="text" name="username" />
    密码：<input type="password" name="password" />
     <input type="submit" value=" 登录" />
</form>
```

假如在上述表单中，用户输入的用户名是"zhangsan"，密码是"123456"，则发送到服务器的数据将会以username=zhangsan&password=123456的形式发送到服务器端。

当action为get时，把这个字符串附加到action属性指定的URL后面，用?分割，当action为post时，浏览器把这个字符串封装到请求体中，发送到服务器。

使用 get方式会将数据拼接到URL中，而URL会显示在浏览器的地址栏中，那么不可避免地在浏览器的地址栏中将会看到"login.php?username=zhangsan&password=123456"，这将会导致密码暴露在地址栏中，不够安全；如果使用post方式，则在浏览器地址栏中只能看到login.php，密码则不会暴露。

HTTP规范没有对URL的长度和传输的数据大小进行限制，但是，对于get方式，特定的浏览器和服务器对URL的长度有限制。因此，在向服务器发送大量数据时，使用get方式是不可行的。并且，它还会暴露敏感信息，存在数据泄露的风险。

对于post方式，由于不使用URL来传值，理论上数据大小不受限制。并且，它不会暴露数据，更健壮更安全。所以，用post方式来发送表单数据是普遍的做法。

（4）target属性：该属性与<a>标签的target属性一样，都用来指定目标窗口的打开方式。

（5）enctype属性：只有method="post"时才能使用，该属性用于设置表单信息提交的编码方式，属性值有以下几个。

- application/x-www-form-urlencoded：在发送前编码所有字符（默认）。
- multipart/form-data：不对字符编码，在使用包含文件上传控件的表单时，必须使用该值。
- text/plain：将空格转换为"+"加号，但不对特殊字符编码。

2. 表单控件

表单控件有多种形式，主要用来收集用户数据，包括label、input、textarea、select等，这些标签中最常使用的是input标签，根据功能的不同，input控件又分为text、password、radio、checkbox、file、submit、reset等类型。

3. 表单按钮

表单按钮包括提交按钮、重置按钮和普通按钮，从本质上讲，表单按钮也是表单控件，之所以把它分离出来单独介绍，是因为它的功能比较特别。提交按钮用于把表单数据发送到服务器，重置按钮用于重置整个表单的数据，普通按钮则需要开发者赋予它功能。

当用户单击提交按钮和重置按钮时，就有动作发生，一般不需要添加动作；而普通按钮，则必须加上指定的动作，并通过相应的事件来触发，才会在事件发生时激发动作，否则单击普通按钮，什么也不发生。

接下来，创建一个用于用户登录的表单，代码如程序清单4-7所示。

程序清单 4-7

```
<form action="login.php" method="post">
    用户名：<input type="text" name="username" />
    密码：  <input type="password" name="password" />
    <input type="submit" value=" 登录" />
    <input type="reset">
</form>
```

上述代码中的表单包括两个表单控件和两个按钮，分别是用户名和密码文本框控件，以及"登录"和"重置"按钮。"登录"按钮为提交按钮，"重置"按钮为取消按钮。当用户单击"登录"按钮后，浏览器将用户名和密码数据以 post 的方式发送到服务器端的 login.php 文件中进行处理；如果用户单击"重置"按钮，则会清除用户填写的数据，将整个表单恢复到页面初始加载时的状态，显示效果如图4-10所示。

图4-10 表单显示效果

4.5 input 表单控件

表单标签

在上节的登录案例中，使用了4个input表单控件，分别是用户输入用户名的文本框、用于安全输入的密码框、用于提交表单的按钮以及用于重置表单的按钮。<input>标签是HTML中最常用的表单控件，用来定义输入控件，这个标签可以实现各种各样的表单控件效果。

input表单控件用于接收用户输入的文本信息，<input>标签是一个单标签，其代码结构如程序清单4-8所示。

程序清单 4-8

```
<input type="" name="" value="" />
```

其中，type属性用来指定控件的类型；name属性用来指定控件的名称，当表单被提交时，服务器端程序可以根据name属性值来获得文本框中的值；value属性用于指定控件的默认值。

<input>标签有以下属性。

- type：<input>标签的type属性，用于设置控件类型，具体的属性值如表4-2所示。
- name：控件名称，用户自定义的字符串。
- value：控件默认文本内容，用户自定义的字符串。
- size：控件的宽度，取值必须是正整数，单位为像素。
- checked：控件的默认状态是否被选中，值为true或false。
- maxlength：控件可输入的最大字符数，取值必须是正整数。

表 4-2　type 的属性值

控件名称	type 属性值	描述
文本输入框 （简称文本框）	text （默认值）	默认，定义一个单行的文本字段（默认宽度为20个字符）
密码框	password	定义密码字段
单选框	radio	定义单选框（性别等）
复选框	checkbox	定义复选框（爱好等）
提交按钮	submit	定义提交按钮
重置按钮	reset	定义重置按钮（重置所有的表单值为默认值）
图片提交按钮	image	定义图片作为提交按钮
普通按钮	button	定义可单击的按钮（通常与JavaScript一起使用来启动脚本）
隐藏文本框	hidden	定义隐藏输入字段，在前后台交互中非常有用
文件上传框	file	定义文件选择字段和"浏览…"按钮，供文件上传。可以通过accept属性规范选取文件的类型，比如图片/视频，如果不设置则什么类型都可以。 accept属性的值有： ● image/*接受所有的图像文件。 ● image/png表示只接受png图片文件。 ● audio/*接受所有的声音文件。 ● video/*接受所有的视频文件。 multiple属性可以用来设置一次允许选择多个文件multiple="multiple"

以下具体说明常用的input控件类型。

1. 文本输入框

当把<input>标签的type属性值设置为text时，该控件就是文本输入框控件了，用户可在其中输入单行文本。如果设置type属性，则input控件的默认类型就是text。需要注意的是，必须为每个文本框设置name属性，只有这样才能保证用户填写的数据能够提交至服务器，只有在文本框中需要显示默认的文本时，才需要设置value属性。文本框代码如程序清单4-9所示，显示效果如图4-11所示。

程序清单 4-9

```
用户名 <input type="text" name="username" />
```

图4-11　输入框显示效果

2. 密码框

在登录注册的场景下，用户需要输入密码，使用文本框显示用户的密码很显然是不合适的，密码会被暴露到外部，因此HTML专门提供了密码框用于输入密码。密码框同文本框一样都使用<input>标签创建，需要将type属性值改为"password"，如程序清单4-10所示。

程序清单4-10

```
密码 <input type="password" name="pwd" />
```

当用户输入密码时，输入的内容会被星号替代，显示效果如图4-12所示。

密码：•••••••••••••

图4-12 密码框显示效果

需要注意的是，当用户提交表单时，密码还是以明文的方式，将用户输入的真实值发送到服务器的，信息在发送过程中并没有加密。

3. 单选框

当<input>标签的type属性值为radio时，用于创建单选框，其通过name属性定义单选框的名称，通过value属性设置单选框的值。单选框不同于密码框与文本输入框，用户在密码框或文本输入框中输入的数据会自动作为value的值，但是单选框只能被用户单击，如果不设置value值，即使用户提交了表单，也无法将单选框中的数据发送到服务器。

在一个表单上，name属性值相同的单选框被归为一组，为不同radio设定不同的value值，服务器端的程序通过name获取到对应的value值，就知道哪个按钮被选中了。

一组单选框中，最多只能有一个选项被选中。当用户单击一个选项时，该选项被选中，其他选项都会自动变为非选中状态。可以通过设置checked属性，定义默认被选中的单选框。checked属性比较特殊，可以称为单属性或空属性，单属性不需要设置属性值，只需要将属性名称放入标签中即可，也可以设置任意的属性值，如程序清单4-11所示。

程序清单 4-11

```
性别
<input type="radio" name="gender" value="male" checked />男
<input type="radio" name="gender" value="female" />女
```

显示效果如图4-13所示。

性别：●男 ○女

图4-13 单选框显示效果

上述代码中，第一个单选框标签定义了checked属性，其value值为"male"，当页面打开时，它会被默认选中，用户也可以通过单击来选择其他选项。提交表单时，单选框的name和被选中的单选框对应的value，将会被提交到服务器端。

4. 复选框

当<input>标签的type属性值为checkbox时用于创建复选框，其通过name属性设置复选框的名称，通过value属性设置复选框的值。表单上name属性值相同的复选框被归为一组，可以为不同checkbox设定不同的value值。提交表单时，每个复选框的名称及复选框对应的值，都会被提交到服务器端。

在一组复选框中，可以有任意多个选项被选中。当用户单击一个选项时，该选项被选中，再次单击时，该选项会取消选中。可以通过设置checked属性，定义某些选项默认被选中，如程序清单4-12所示。

程序清单 4-12

```
爱好
<input type="checkbox" name="hobby" value="football" />足球
<input type="checkbox" name="hobby" value="volleyball" checked />排球
<input type="checkbox" name="hobby" value="basketball" checked />篮球
<input type="checkbox" name="hobby" value="ping_pong" />乒乓球
```

显示效果如图4-14所示。

图4-14　复选框显示效果

第二、三个复选框被默认选中，当表单被提交时，排球与篮球对应的复选框中的value值会被发送到服务器端。

5. 提交按钮

用户在表单中填写信息后，只有单击提交按钮，表单控件的信息才会被发送到服务器。通过设置<input>标签的type属性为"submit"，来创建提交按钮，在创建提交按钮时，通过<input>标签的value属性值来设置按钮上显示的文本。如果没有提供value属性，则按钮上默认显示"提交"，如程序清单4-13所示。

程序清单 1-13

```
<input type="submit" value="立即注册">
```

显示效果如图4-15所示。

还有一种场景是，用户填完表单信息后，发现填写错误，希望将表单数据还原为页面加载时的状态。此时，可以在表单上创建一个重置按钮，把<input>标签的type属性设置为"reset"即可。value属性的值，为按钮上显示的文本。如果没有提供value属性，则按钮上默认显示"重置"，如程序清单4-14所示。

立即注册

图4-15　提交按钮显示效果

程序清单 4-14

```
<input type="reset" value="取消">
```

显示效果如图4-16所示。

把<input>标签的type属性设置为"button"，可以创建普通按钮。按钮上显示的文本是value属性的值，如果没有提供value属性，则只创建一个空按钮，如程序清单4-15所示。

程序清单 4-15

```
<input type="button" value="收藏">
```

显示效果如图4-17所示。

图4-16 取消按钮显示效果　　　　　　图4-17 普通按钮显示效果

普通按钮并不像提交按钮和重置按钮一样依赖于表单，普通按钮可以单独存在，只不过将其放入表单中时，可以当作提交按钮使用，用户单击时，表单同样会被提交，当普通按钮放在表单的外部时，单击普通按钮就没有任何反应了，此种情况需要配合后面学习的事件绑定，为普通按钮添加事件，用户单击才有效果。

4.6　其他表单控件

1. 下拉列表

select控件用于创建下拉列表（下拉菜单），并通过option元素创建列表中的选项，供用户从中选择。

定义select控件时，在select元素中设置name属性，并在每个option元素中，通过value属性定义每个选项的值，通过selected属性指定该选项被默认选中。在<option>和</option>之间的文本，为该选项的显示值。

select控件支持单选、多选。提交表单时，select元素的name属性值，以及所有被选中的option元素的value属性值，都将会被提交到服务器端。

默认情况下，select控件是单选的，即用户只能从下拉列表中选择一项，如程序清单4-16所示。

程序清单 4-16

```
城市：
<select name="city" >
  <option value="1"> 上海 </option>
  <option value="2"> 北京 </option>
  <option value="3" selected> 重庆 </option>
  <option value="4"> 天津 </option>
  <option value="5"> 大连 </option>
</select>
```

上述代码创建了一个只能单选的下拉列表，由于为重庆设置了selected属性，在页面加载时，它默认处于选中状态。显示效果如图4-18所示。

图4-18 下拉列表显示效果

给<select>标签设置multiple属性后，列表支持多选，就可以有多个选项被同时选中，当然，也可以让多个选项默认被选中，如程序清单4-17所示。

程序清单 4-17

```
城市：
<select name="city" multiple>
   <option value="1"> 上海 </option>
   <option value="2" selected> 北京 </option>
   <option value="3" selected> 重庆 </option>
   <option value="4"> 天津 </option>
   <option value="5"> 大连 </option>
</select>
```

显示效果如图4-19所示。

图4-19　多选的下拉列表显示效果

2. 文本域

文本框控件只能输入一行数据，如果希望用户可以输入多行文本，则可以使用文本域控件。文本域控件使用<textarea>标签创建，<textarea>标签是一个双标签，由于<textarea>标签没有value属性，在定义<textarea>标签时，出现在<textarea>和</textarea>之间的文本，就是控件的默认值，会作为文本域的内容显示在页面上。

可以通过rows属性和cols属性，来定义<textarea>标签的默认尺寸，即可见的行数和列数，如程序清单4-18所示。

程序清单4-18

个人简介：

```
<textarea name="comm" rows="10" cols="50">文本内容</textarea>
```

上述代码定义了一个多行输入文本域，其默认尺寸为10行，50列，并包含默认的"文本"内容，显示效果如图4-20所示。

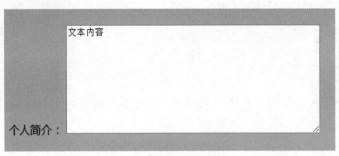

图4-20　文本域显示效果

当用户提交表单时，textarea元素的 name 属性值和用户在<textarea>和</textarea>之间输入的文本，将会被提交到服务器端。

3. label

label控件用来为每个表单元素添加有意义的描述，label的重要特点在于可以关联一个表单控件，当单击label时会使相关联的表单控件获得焦点。因此，label控件可以非常简单地扩大表单元素的单击区域，能够改善表单的易用性和用户体验，label在屏幕偏小的场景下很常见。

比如，单纯的复选框，PC端用户可以使用鼠标单击，但是如果网页显示在较小屏幕的移动设备上时，由于这个单击区域本身很小，用户很难单击到合适的位置。如果使用label元素，用户就可以单击label元素来操作复选框，可以大大提升表单的可访问性和用户体验。

label控件要配合一个表单控件一块使用，下面演示如何将一个label控件与表单控件关联，如程序清单4-19所示。

程序清单 4-19

```
<input id="agree" type="checkbox" value="1"/>
<label for="agree">5天内自动登录</label>
```

当将label控件for属性的值，设置为所要关联的表单控件的id属性值时，两个控件就被关联起来了，当用户单击label控件内的文字时，所关联的表单控件会自动获取焦点，显示效果如图4-21所示。

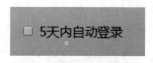

图4-21 label控件显示效果

4.7 案例——学生信息登记表

本案例结合表格和表单实现，用到了HTML表单技术。

根据效果图（见图4-22），使用表格进行布局，再用表单实现效果，参考程序清单4-20完成，具体制作思路如下。

学生信息登记表

用户名：	请在此输入用户名
密码：	
邮箱：	
主页：	
电话：	
关键字：	
入学成绩：	60
生日：	年 /月/日
喜欢的颜色：	
备注：	

提交 重置 注册

图4-22 学生信息登记表

1. 搭建页面结构

利用\<table\>标签，制作12行2列的表格，设置表格边框为0（单位为像素，余同省略），宽度为400，高度为550，居中。

除第一行外，表格的行设置背景颜色为#eee。

备注行的行高设为50，垂直居中。

第一行和最后一行合并单元格并居中。

2. 加入表单和表单对象

根据效果图，在表格外插入表单域form，在表格的第一列输入对应的提示文字。

第二列根据要求分别插入对应类型的input表单控件，根据效果图设置默认内容。

程序清单 4-20

```
<form action="#">
    <table border="0" width="400" height="550" align="center">
        <tr>
            <td colspan="2" align="center">
                <h2>学生信息登记表</h2>
            </td>
        </tr>
        <tr bgcolor="#eee">
            <td>用户名: </td>
            <td>
                <input type="text" name="user_name"
                    value="请在此输入用户名" required="" />
            </td>
        </tr>
        <tr bgcolor="#eee">
            <td>密码: </td>
            <td>
                <input type="password" name="pwd" required="" />
            </td>
        </tr>
        <tr bgcolor="#eee">
            <td>邮箱: </td>
            <td>
                <input type="email" name="myEmail" required="" />
            </td>
        </tr>
        <tr bgcolor="#eee">
            <td>主页: </td>
            <td>
                <input type="url" name="myUrl" required="" />
            </td>
        </tr>
```

```
        <tr bgcolor="#eee">
           <td>电话: </td>
           <td>
              <input type="tel" name="myTel" required="" />
           </td>
        <tr bgcolor="#eee">
           <td>关键字: </td>
           <td>
              <input type="search" name="myKey" required="" />
           </td>
        </tr>
        <tr bgcolor="#eee">
           <td>入学成绩: </td>
           <td>
              <input type="number" name="myScore" required="" value="60" />
           </td>
        </tr>
        <tr bgcolor="#eee">
           <td>生日: </td>
           <td>
              <input type="date" name="myDate" required="" />
           </td>
        </tr>
        <tr bgcolor="#eee">
           <td>喜欢的颜色: </td>
           <td>
              <input type="color" name="myColor" required="" />
           </td>
        </tr>
        <tr bgcolor="#eee">
           <td>备注: </td>
           <td>
              <textarea rows="5" cols="30" name="note"></textarea>
           </td>
        </tr>
        <tr bgcolor="#eee" height="50">
           <td colspan="2" align="center">
              <input type="submit">
              <input type="reset">
              <input type="button" value="注册">
           </td>
        </tr>
     </table>
</form>
```

4.8 习题

扫描二维码，查看习题。

4.9 练习

1. 运用已经学习的知识与技能完成如图 4-23 所示课程表。

星期一	星期二	星期三	星期四	星期五
上午				
语文	物理	数学	语文	美术
数学	语文	体育	英语	音乐
语文	体育	数学	英语	地理
地理	化学	语文	语文	美术
下午				
作文	语文	数学	体育	化学
生物	语文	物理	自修	自修

图 4-23　练习 1 图

2. 创建一个表单，加入由 input 元素构成的各种控件，并演示其作用。

3. 创建一个表单，实现个人信息修改页面，要求如下：

（1）显示昵称。

（2）利用下拉列表实现所在省份选择。

（3）利用文本域实现座右铭。

（4）设置提交按钮。

（5）使用 label 标签实现控件与文字关联。

第 5 章　HTML5 进阶

 本章学习目标

◇ 了解 HTML5 新特性.
◇ 掌握 HTML5 新增结构元素
◇ 掌握 HTML5 中的表单
◇ 掌握 HTML5 音频与视频
◇ 了解 HTML5 绘图

 思维导图

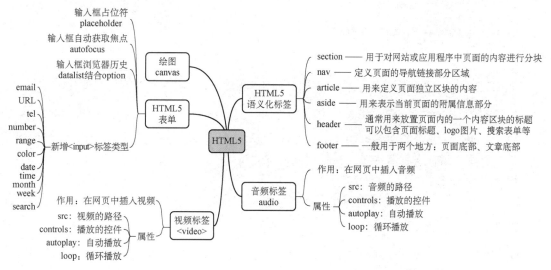

　　HTML5 作为 HTML 的最新修订版本，为 Web 开发带来了许多新的特性和功能。它不仅提供了更强大的多媒体支持、更智能的表单和更好的语义化标记，还通过引入 CSS 和 JavaScript 等技术，使得 Web 应用更加丰富、交互性和智能化。随着 HTML5 的广泛应用和不断发展，未来的 Web 开发将更加创新和突破。

5.1　HTML 语言版本变迁

　　HTML5 由万维网联盟（W3C）在 2014 年 10 月完成标准制定。它的目标是取代 1999 年制定的 HTML4.01 和 XHTML1.0 标准，成为互联网的新一代核心技术。作为 HTML 的第五次重大修订，HTML5 代表了超文本标记语言的最新发展。

HTML5 在 HTML4.01 的基础上进行了一定的改进，添加了许多新的语法特征，其中包括 <video>、<audio> 等用于音视频播放的标签以及 <canvas> 用于图形绘制的标签。同时，为了更准确地表达页面的构成，HTML5 还加入了如 <section>、<header>、<nav> 等标签。表单中也加入了更多实用的属性，也有一些不再符合现代网页设计的标签被移除。

此外，HTML5 还具有无插件范式、向下兼容、引入语义、引入原生媒体支持和引入可编程内容等特性。它使得在浏览器中直接播放视频和音频文件成为可能，同时也支持通过 JavaScript 编程实现各种效果。

自从 HTML4.01 版本之后，万维网联盟（W3C）组织很长一段时间都未发布新的版本，而是将精力集中于新一代的 XHTML 中，XHTML 基于 XML，语法更为严格，相比之前混乱的 HTML 语法，XHTML 要求开发者使用统一的编码风格，同时要求浏览器针对 XHTML 语法进行检查，拒绝不规范的编码，万维网联盟初衷虽好，但是如果标准形成，就会导致大量的现有的 Web 页面无法兼容，从而遭到众多开发人员的反对。

直到 2008 年，HTML5 被提上日程，XHTML 计划也就宣告停止了，HTML5 没有强制要求遵循严格的语法规则，而是加入了更多的实用功能，这些功能包括炫酷的 CSS3、更全的表单验证、强大的音视频支持、本地存储、地理定位、图形绘制、Web 通信等技术，各大浏览器厂商也对浏览器进行了升级以支持 HTML5。逐渐地，HTML5 也就被世人所熟知。

5.2　HTML5 新特性

HTML5 添加了许多新的语法特征，和 HTML4 相比，HTML5 有以下这些变化。

1. 文档声明 doctype 的变化

较于之前版本烦琐的文档声明，HTML5 中大幅简化了 doctype 的声明，如程序清单 5-1 所示，非常简洁，同时所有浏览器（包括 IE6）都支持。

程序清单 5-1

```
<!DOCTYPE html>
```

2. 简化了根元素

HTML5 对网页文档中的根元素也进行了简化，仅需要写一个 <html> 标签即可，也可以选择性地加上语言，如程序清单 5-2 所示。

程序清单 5-2

```
<html lang="zh-CN">
```

3. 使用 charset 指定字符编码

针对于网页的字符编码，HTML5 中只需要使用 charset 指定字符串编码即可，不需要再使用 content-type 设置 MIME 类型和字符编码，如程序清单 5-3 所示。

程序清单 5-3

```
<meta charset="utf-8">
```

4. 引入外部CSS文件

在引入外部的CSS文件及JS文件时，可以省略type属性，如程序清单5-4所示。

程序清单 5-4

```
<link rel="stylesheet" href="style.css">
<script src="demo.js" ></script>
```

5. 新增元素

相对于HTML5之前布局经常使用<div>标签来实现，HTML5中增加了多个语义化标签，其中包括 section、nav、article、aside、time、header、footer 等，HTML5还新增 form 属性。

5.3　HTML5 新增结构元素

HTML5 结构元素

HTML5中新增了几个结构元素（section 元素、article 元素、nav 元素、aside 元素、header 元素和 footer 元素），这些元素的作用与块元素非常相似，通过运用这些结构元素，可以让网页的整体结构更加直观和明确、更加具有语义化和更具有现代风格。

1. header 元素

header 页面头标签：header 元素通常用来放置整个页面或页面内的一个内容区块的标题，它可以包含页面标题、logo 图片、搜索表单等。

在 HTML5 中，header 元素一般用于3个地方：页面头部、文章头部（article 元素）和区块头部（section 元素）。

当用于页面头部时，header 元素一般用于包含网站名称、页面 logo、顶部导航、介绍信息等。

当用于文章头部时（即 article 元素头部），header 元素一般用于包含文章标题和 meta 信息两部分。所谓的 meta 信息，一般指的是作者、点赞数、评论数等。

当用于区块头部时（即 section 元素头部），header 元素一般只包含区块的标题。

2. nav 元素

nav 元素用于定义页面的导航链接部分区域，引用 nav 元素可以让页面元素的语义更加明确。在一个 HTML 页面中可以包含多个 nav 元素，但并不是所有的链接都需要包含在 nav 元素中的。

在 HTML5 中，nav 元素一般用于3个地方：顶部导航、侧栏导航和分页导航。当用于顶部导航时，nav 元素可以放到 header 元素内部，也可以放到 header 元素外部。

使用 nav 元素的通常导航结构如程序清单5-5所示。

程序清单 5-5

```
<nav id="nav">
   <li>
      <a></a>
   </li>
   <li>
      <a></a>
   </li>
```

```
   ...
</nav>
```

3. aside 元素

aside 元素通常用来表示当前页面的附属信息部分，它的内容跟这个页面的其他内容的关联性不强，或者是没有关联，单独存在。它可以包含我们当前页面或者主题内容相关的一些引用，如侧边栏、广告、目录、索引、Web 应用、链接、当前页内容简介等，有别于我们主要内容。

在 HTML5 中，aside 元素一般用于表示跟周围区块相关的内容。想要正确使用 aside 元素，主要取决于它的使用位置，大体可以分为以下两种情况：

若 aside 元素放在 article 元素或 section 元素之中，则 aside 内容必须与 article 内容或 section 内容紧密相关。

若 aside 元素放在 article 元素或 section 元素之外，则 aside 内容应该是与整个页面相关的，例如，相关文章、相关链接、相关广告等。

4. article 元素

article 元素用来定义页面独立区块的内容，一般用于文章、帖子、留言等，内部可以包含 <time> 标签指明发表时间。可以将 article 看成一个独立部分，内部可以包含标题以及其他部分。即 article 元素内部可以包含 header 元素、section 元素和 footer 元素。

注意：严格意义上，每个 article 元素内部都应该有一个 header 元素，如程序清单 5-6 所示。

程序清单 5-6

```
<article>
   <header>
       <h1>HTML中的article元素</h1>
       <p>作者、点赞、评论、浏览...</p>
   </header>
   <div>文章内容...</div>
   <footer>
       <nav>上一篇、下一篇导航</nav>
   </footer>
</article>
```

5. section 元素

section 元素用于对网站或应用程序中页面的内容进行分块，表示一段专题性的内容，一般会带有标题。若页面某个区块不需要标题，直接使用 div 元素即可。若需要标题，建议使用 section 元素。section 元素通常用于文章的章节、页眉、页脚或文档中的其他部分，可以相互嵌套，但不能作为通用的容器使用。

HTML5 标准建议，section 元素内部必须带有标题，即 section 元素内部必须带有一个 header 元素。

在 HTML5 中，article、aside 这两个元素可以称为是"特殊"的 section 元素，因为它们比 section 元素更具有语义化。在实际开发中，对于页面某个区块，优先考虑语义化更好的 article 元素和 aside 元素，若这两个都不符合，再考虑使用 section 元素，如程序清单 5-7 所示。

程序清单 5-7

```
<section>
    <header>section元素</header>
    <ul>
        <li>...</li>
    </ul>
</section>
```

6．footer 元素

在 HTML5 中，footer 元素一般用于两个地方：页面底部、文章底部。

当用于页面底部时，footer 元素一般包含友情链接、版权声明、备案信息。

当用于文章底部时，即放在 article 元素内部时，footer 元素一般包含上一篇/下一篇导航、文章分类、发布信息，如程序清单 5-8 所示。

程序清单 5-8

```
<article>
    <header>
        <h1>footer元素</h1>
        <p>作者、点赞、评论、浏览...</p>
    </header>
    <div id="content">文章内容...</div>
    <footer>
        <nav>上一篇</nav>
        <nav>下一篇</nav>
    </footer>
</article>
```

图 5-1 是 HTML5 中新增的结构元素结构图，代码实现如程序清单 5-9 所示。

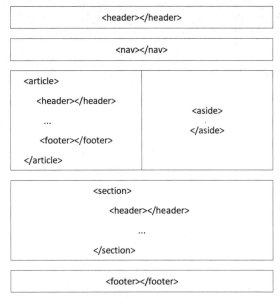

图 5-1　HTML5 中新增的结构元素结构图

程序清单 5-9

```
<!-- 页面头部 -->
<header>
    <h1>My Site</h1>
    <!-- 导航栏 -->
    <nav>
        <ul>
            <li> ... </li>
            <li> ... </li>
        </ul>
    </nav>
</header>
<!-- 单篇文章 -->
<article>
    <header>
    <time datetime="2023-12-10" pubdate>Dec 10, 14'</time>
        <h1>Hello, World!</h1>
    </header>
    <p>Lorem ipsum ...</p>
</article>
<!-- 页脚 -->
<footer>
    <p class="copyright">Copyright &copy; 2023</p>
</footer>
```

上述代码中，将之前布局中使用的\<div\>标签全部替换。之前的布局经常使用\<div\>标签加上class属性值来进行语义化的描述，HTML5中新增的标签，相对来说更具有阅读性。

5.4　HTML5 表单

HTML5中针对表单增加了更多实用性的内容。

1. 输入框占位符

输入框中经常出现的场景是输入文字后，提示性信息会消失，而在无输入信息时，提示性信息会出现。HTML5出现之前，需要使用JS实现，HTML5中增加了placeholder，即占位符，用于实现上述场景，具体用法如程序清单5-10所示，显示效果如图5-2所示。

程序清单 5-10

```
<input type="text" placeholder="请输入昵称">
```

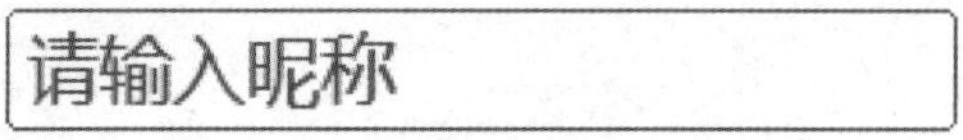

请输入昵称

图5-2　输入框占位符显示效果

2. 输入框自动获取焦点

页面上使用频率较高的输入框,可以设置此属性,当页面打开时,输入框会自动获取焦点,提升用户体验,常见的搜索引擎都会进行如此设置,在 HTML5 之前需要使用 JS 完成,而在 HTML5 中只需要加入属性 autofocus 即可,如程序清单 5-11 所示,此属性无须设置属性值。

程序清单 5-11

```
<input type="text" autofocus>
```

3. 输入框浏览器历史

针对用户输入的浏览历史数据的展示,HTML5 之前需要使用 ul 之类的列表再配合 CSS 完成,而在 HTML5 中只需要使用 <datalist> 标签并在内部添加若干个 <option> 标签即可实现,如程序清单 5-12 所示。

程序清单 5-12

```
<input list="product">
<datalist id="product">
    <option value="苹果">
    <option value="香蕉">
    <option value="橘子">
</datalist>
```

显示效果如图 5-3 所示。

4. 新增 <input> 标签类型

HTML5 为 <input> 标签新增了很多实用的类型,通过 type 属性设置不同的值会产生不同的效果。

邮箱输入表单:该表单必须输入邮箱,如果输入格式错误,则提交时会在对话框中报错,代码如程序清单 5-13 所示,显示效果如图 5-4 所示。

图 5-3　<datalist> 标签显示效果

程序清单 5-13

```
<input type="email" />
```

图 5-4　邮箱输入表单显示效果

URL 输入表单:该表单只能输入网址,若格式错误则会在对话框中报错,通过设置 <input> 标签的 type 属性值为 URL 即可实现,显示效果如图 5-5 所示。

日期输入表单:该表单右侧的下拉菜单用于选择日期,如果在手机中打开,则会弹出手机中自带的日期选择对话框,通过设置 <input> 标签的 type 属性值为 date 即可,显示效果如图 5-6 所示。

图5-5 URL输入表单显示效果

图5-6 日期输入表单显示效果

时间输入表单：该表单右侧的下拉菜单用于选择时间，通过设置<input>标签的type属性值为time即可，显示效果如图5-7所示。

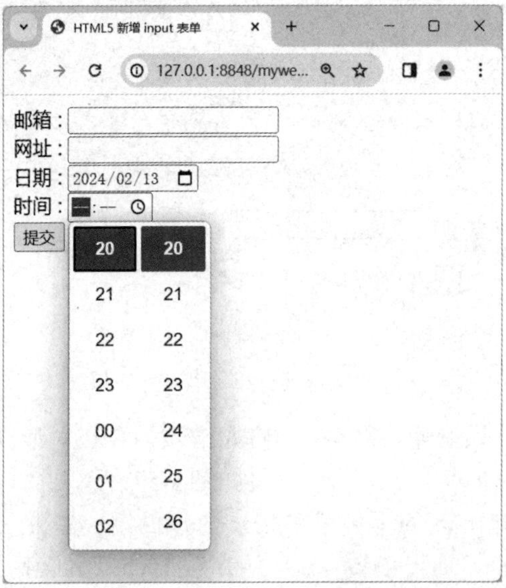

图5-7 时间输入表单显示效果

月份输入表单：该表单右侧的下拉菜单用于选择月份，通过设置<input>标签的type属性值为month 即可，显示效果如图5-8 所示。

图5-8   月份输入表单显示效果

周日期输入表单：该表单右侧的下拉菜单用于选择周数，通过设置<input>标签的type属性值为week 即可，显示效果如图5-9 所示。

图5-9   周日期输入表单显示效果

数字输入表单：该表单中无法输入非数字的内容。该表单通过设置<input>标签的type属性值为number 即可，显示效果如图5-10 所示。

手机号码输入表单：该表单中可以输入任意字符，没有校验。该表单通过设置<input>标签的type属性值为tel 即可，显示效果如图5-11 所示。

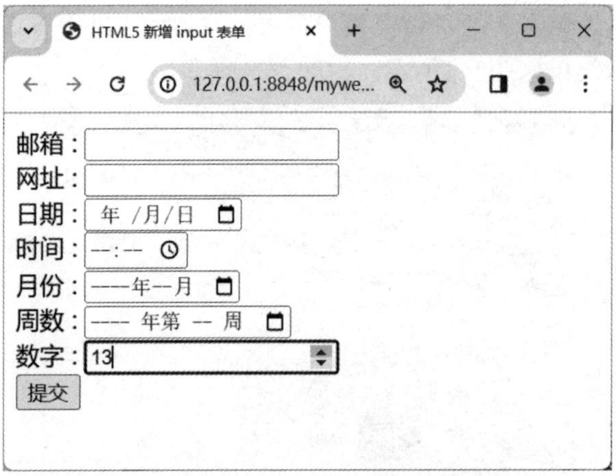

图5-10　数字输入表单显示效果

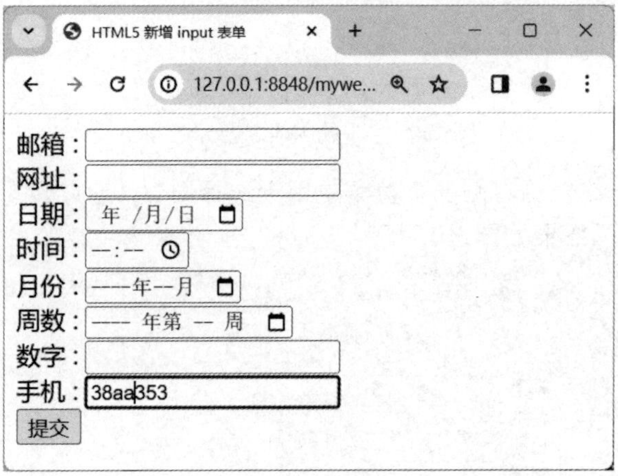

图5-11　手机号码输入表单显示效果

搜索框：单击右侧的×号，可以快速清除输入内容。搜索框通过设置<input>标签的type属性值为search即可，显示效果如图5-12所示。

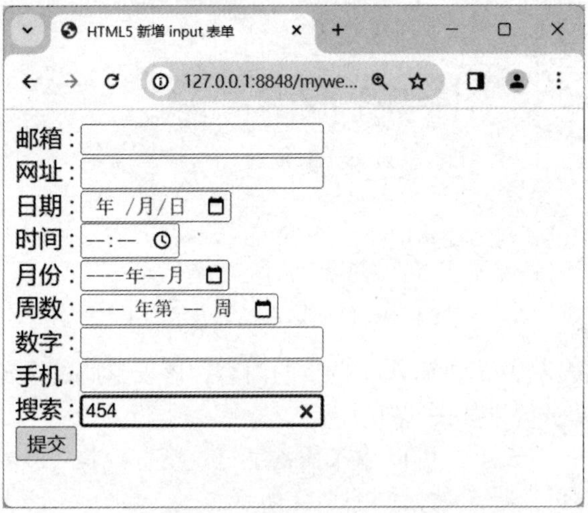

图5-12　搜索框显示效果

颜色选择表单：单击该表单，可以弹出调色盘。该表单通过设置<input>标签的type属性值为color即可，显示效果如图5-13所示。

图5-13　颜色选择表单显示效果

注意：在手机中打开该网页时，弹出的选择对话框会是手机中的原生对话框。在手机中打开该网页时，会根据输入类型，弹出指定类型的键盘。上述各种属性的效果读者可以自行试验，需要注意的是，上述类型并不是所有浏览器都支持的，而且不同的浏览器的展现形式也有所不同。

5. 新增的input属性

HTML5新增的input属性如表5-1所示。

表5-1　新增的 input 属性

属性	说明
autocomplete	属性规定表单或输入字段是否应该自动填充，自动填充上一次的值
autofocus	布尔类型，自动获取焦点
form	可以在<form>标签之外使用 input，通过此属性指定<form>的 id，此 input 属于指定的<form>
formaction	适用于 type=submit，当有多个 submit 时，可以通过此属性指定不同的请求 URL
formenctype	当把表单数据（form-data）提交至服务器时如何对其进行编码，仅针对 method="post" 的表单，formenctype 属性覆盖 <form> 元素的 enctype 属性
formmethod	适用于 type=submit，定义请求方式，会覆盖<form>中的 method，可以在有多个 submit 时使用
formnovalidate	规定在提交表单时不对 <input> 标签进行验证
formtarget	相当于<a>的 target 属性，是否打开新的页面

续表

属性	说明
height 和 width	宽、高尺寸，仅适用于type="image"
list	引用<datalist>，一个单独的<datalist>不会显示
min 和 max	规定value的最大、最小值，适用于number、range、date、datetime、datetime-local、month、time 以及 week
multiple	布尔类型，允许用户在 <input> 标签中输入一个以上的值，适用于type=file 和 email
pattern	规定用于检查 input 属性值的正则表达式
placeholder	预期提示文字
required	是否必填/必选
step	规定合法数字间隔，适用于number、range、date、datetime、datetime-local、month、time 以及 week

HTML5新增input表单完整代码示例如程序清单5-14所示。

程序清单 5-14

```
<form action="#">
   <li>邮箱：<input type="email" /></li>
   <li>网址：<input type="url" /></li>
   <li>日期：<input type="date" /></li>
   <li>时间：<input type="time" /></li>
   <li>月份：<input type="month" /></li>
   <li>周数：<input type="week"/></li>
   <li>数字：<input type="number" /></li>
   <li>手机：<input type="tel" /></li>
   <li>搜索：<input type="search" /></li>
   <li>颜色：<input type="color" /></li>
   <!-- 表单域的提交按钮 用于提交整个表单域 -->
   <input type="submit" value="提交">
</form>
```

5.5　HTML5 音频与视频

多媒体技术

HTML5中增加了音视频播放的原生支持，在以往的视频播放中需要借助第三方的插件如Flash才能完成，如果安装了支持HTML5的浏览器，那么即使没有Flash也可以播放音视频。

用于播放音频和视频的标签分别为<audio>和<video>标签。

5.5.1　<audio>标签

1. <audio>标签特点

在HTML中，<audio>标签用于嵌入音频文件，使其可以在网页中播放。<audio>标签具有以下特点：

- <audio>标签可以嵌入多种音频格式，如MP3、OGG、WAV等。
- 通过src属性指定音频文件的URL，通过controls属性指定是否显示播放器控件。
- 可以使用<source>标签指定多个音频文件，浏览器会选择支持的格式进行播放。
- 可以使用<track>标签添加音频描述、字幕等元数据。
- 可以通过CSS样式控制音频的外观。
- 支持事件，如播放、暂停、结束等。

2. <audio>标签的使用

（1）创建<audio>标签，并设置src属性，指定音频文件的URL，代码如程序清单5-15所示。

程序清单 5-15

```
<audio src="music.mp3"></audio>
```

（2）添加controls属性，显示播放器控件，代码如程序清单5-16所示。

程序清单 5-16

```
<audio src="music.mp3" controls></audio>
```

（3）添加<source>标签指定多个音频文件，浏览器会选择支持的格式进行播放，代码如程序清单5-17所示。

程序清单 5-17

```
<audio controls>
  <source src="music.mp3" type="audio/mpeg">
  <source src="music.ogg" type="audio/ogg">
  <source src="music.wav" type="audio/wav">
</audio>
```

除了上述基本用法外，<audio>标签还支持多种其他属性和事件，如autoplay属性、loop属性、ended事件等，根据需要进行设置即可，代码如程序清单5-18所示。

程序清单 5-18

```
<audio src="someaudio.wav" controls>
您的浏览器不支持 audio 标签。
</audio>
```

上述程序中使用src属性指定了音频资源的路径，controls属性指定了播放界面需要向用户显示控件，默认不会显示任何控件。标签中的文字只有当浏览器不支持<audio>标签时才会出现。<audio>标签的属性如表5-2所示。

表 5-2 <audio >标签的属性

属性	作用
src	音频资源的路径
autoplay	是否自动播放
loop	是否循环播放
controls	是否显示浏览器自带的控制条
muted	是否静音播放

<audio>标签的用法，如程序清单5-19所示，效果如图5-14所示。

程序清单5-19

```
<!doctype html>
<html>
    <head>
        <meta charset="utf-8">
        <title>制作音频页面</title>
    </head>
    <body>
        <div class="box">
            <a href="#">轻舟已过万重山</a>
            <p>长安三万里主题曲</p>
            <audio src="media/轻舟.mp3" controls></audio>
        </div>
    </body>
</html>
```

轻舟已过万重山

长安三万里主题曲

▶ 0:00 / 2:45 ───────── ◀)) ⋮

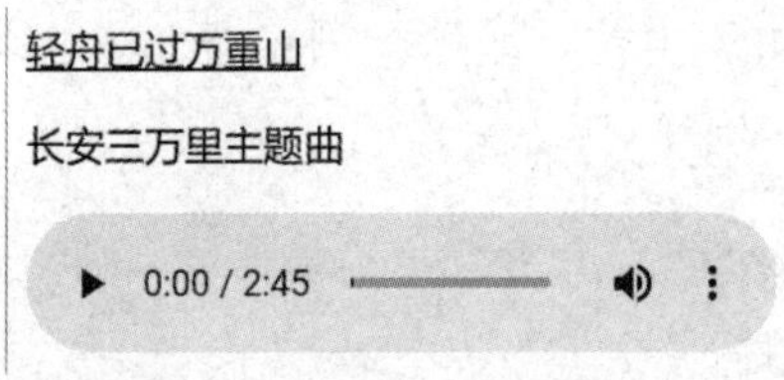

图5-14 <audio>标签案例效果图

5.5.2 <video>标签

1. 简介

HTML中<video>标签用于添加视频到网页中。通过<video>标签，可以在网页上播放本地或者在线的视频。

<video>标签可以添加多个属性和事件，其中一些常用的属性和事件介绍如下。

- src：视频文件的URL地址。
- autoplay：自动播放视频。
- controls：显示播放器控件。
- loop：循环播放视频。
- width和height：视频的宽度和高度。
- poster：设定视频的封面。

2. 使用

（1）在<video>标签中设置视频文件的src属性，可以指定视频文件的URL地址。如果有多个格式的视频文件，则在<video>标签中添加多个<source>标签，浏览器会自动选择支持的格式进行播放，代码如程序清单5-20所示。

程序清单5-20

```
<video width="640" height="360" controls>
```

```
  <source src="video.mp4" type="video/mp4">
  <source src="video.webm" type="video/webm">
  <source src="video.ogg" type="video/ogg">
</video>
```

（2）可以使用 controls 属性来显示播放器控件，如播放、暂停、音量、全屏等，代码如程序清单 5-21 所示。

程序清单 5-21

```
<video width="640" height="360" controls>
  <source src="video.mp4" type="video/mp4">
</video>
```

（3）还可以设置视频的尺寸、自动播放、循环等属性，代码如程序清单 5-22 所示。

程序清单 5-22

```
<video width="640" height="360" autoplay loop>
  <source src="video.mp4" type="video/mp4">
</video>
```

上面这段代码将视频设置为自动播放，并且设置为循环播放。<video>标签的属性如表 5-3 所示。

表 5-3　<video >标签的属性

属性	作用
src	视频文件的 URL 地址
autoplay	是否自动播放
controls	是否显示浏览器自带的控制条
loop	是否循环播放
width 和 height	设置视频的宽度和高度
poster	设定视频的封面
muted	是否静音播放

<video>标签的用法，如程序清单 5-23 所示。

程序清单 5-23

```
<div>
  <video src="media/数说党的二十大.mp4" controls width="500px" >
您的浏览器不支持 video 标签。
</video>
```

上述程序中使用 src 属性指定了视频资源的路径，controls 属性指定了播放界面需要向用户显示控件，默认不会显示任何控件，width 指定视频的宽度，高度根据宽度会自动变化。标签中的文字只有当浏览器不支持<video>标签时才会出现。

在 HTML5 中，经常会通过为<video>元素添加宽高的方式给视频预留一定的空间，这样浏览器在加载页面时就会预先确定视频的尺寸，为其保留合适的空间，使页面的布局不产生变化，如图5-15所示。这里需要注意的是，通过width和height属性来缩放视频，这样的视频即使在页面上看起来很小，但它的原始大小依然没变，因此在实际工作中要运用视频处理软件（如"格式工厂"）对视频进行压缩。

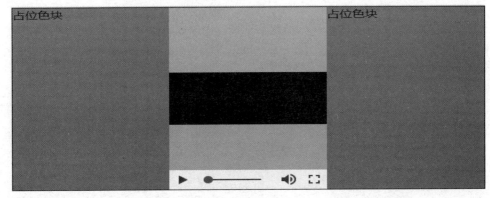

图5-15　视频占位

5.5.3　使用音频和视频标签的注意事项

（1）浏览器支持的音频和视频格式不同，需要在\<source\>标签中提供不同格式的文件来兼容不同的浏览器。

（2）在设置src属性时，应该使用相对路径或绝对路径，避免使用相对于当前页面的路径。

（3）使用controls属性会显示默认的播放器控件，但是在移动设备上默认控件可能无法显示或不够友好。此时可以使用JavaScript自定义控件。

（4）在不同的浏览器和操作系统下，对于媒体的支持情况也可能不同，因此需要在不同的浏览器和设备上进行测试。

（5）如果使用自定义控件，需要注意控件的可用性和兼容性，避免在某些浏览器或设备上无法使用。

（6）浏览器默认情况下不会自动播放媒体文件，需要用户手动单击播放按钮。如果希望实现自动播放的效果，需要在设置\<audio\>或\<video\>标签时添加autoplay属性。

（7）使用媒体文件会占用网站的带宽，需要注意使用合适的压缩方法来减小文件大小，避免对网站性能造成负面影响。

总之，在使用\<audio\>和\<video\>标签时，需要进行充分的测试和优化，以提供良好的用户体验和兼容性。

5.6　绘图

canvas 画布

HTML5中增加了用于绘制图形的canvas技术，此项技术可以在不借助于插件的情况下，绘制任意的图形，目前在网页游戏领域、数据可视化领域应用得非常广泛。

若要使用canvas绘制图形，仅仅依靠标签是达不到效果的，此项技术还需要配合JS才能完成。

5.6.1　基本用法

绘制图形前，首先需要在页面中添加 <canvas> 标签，并添加 id 属性，添加 id 属性主要为了后面方便 JS 获取到 canvas 节点。

可以通过 width 与 height 属性修改 <canvas> 标签的宽度和高度，<canvas> 标签会形成一个绘制区域，用于绘制图形，也可以将 <canvas> 标签形成的区域理解为画布，如程序清单 5-24 所示。

程序清单 5-24

```
<canvas id="canvas" width="500" height="300">
您的浏览器不支持canvas
</canvas>
```

上述代码中，在页面中添加了 <canvas> 标签，其 id 为 "canvas"，宽度为 500px，高为 300px。<canvas> 标签形成的绘图区域默认没有背景颜色，可以通过 CSS 为其添加任意的样式，但是需要注意的是画布的尺寸和 CSS 定义的尺寸是完全不同的概念，在设置时，需要使用属性的方式设置宽高，而不应该使用 CSS 的方式设置，因为后续在绘制图形时，其绘制所参照的坐标体系是基于 <canvas> 标签的 width 和 height 属性的，而不是基于 CSS 中的宽度和高度属性的。

类似之前介绍的音视频标签，当浏览器不支持 <canvas> 标签时，会显示标签中的文本信息。

绘图标签设置好以后，接下来使用 JS 获取到 canvas 节点对象，并获取绘图环境，如程序清单 5-25 所示。

程序清单 5-25

```
var canvas = document.getElementById("canvas");
var ctx = canvas.getContext("2d");
```

上述代码首先通过 getElementById() 方法获取到 canvas 节点对象，并调用了节点对象的 getContext 方法，获取到对应的 2D 绘图环境，后续所有的绘图操作都需要基于此绘图环境，有些地方称绘图环境为绘图上下文。

5.6.2　路径

canvas 在绘制图形时均是根据路径进行绘制的，首先需要调用绘图环境对象的 beginPath 方法以创建一个绘图路径，接下来基于此路径，可以调用不同的绘图方法进行绘制，最后再调用 closePath 方法封闭路径，如程序清单 5-26 所示。

程序清单 5-26

```
ctx .beginPath();
ctx .rect(10, 30, 200, 100);
ctx .closePath();
```

上述代码中，在调用了 beginPath 方法开启了路径后，再调用了 rect 方法在页面上绘制一个矩形，其中 rect 中的 4 个参数分别表示矩形左上角的 xy 坐标、矩形的宽度与高度。需要注意的是，canvas 中的坐标系不同于数学中的坐标系，其坐标系的原点在左上角，x

轴沿着水平方向向右增长，*y*轴沿着垂直方向向下增长，如图5-16所示。

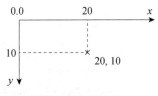

图5-16　坐标轴

注意，上述代码执行后，矩形并不会真正地显示在页面上，还需要再调用stroke()或fill()方法，来进行描边或填充，才能正常显示。

Stroke()方法用于沿着图形的路径绘制线条，而fill()方法则会填充路径所闭合的区域。

在调用stroke()或fill()之前可以通过设置绘图环境的strokeStyle或fillStyle，来设置描边或填充的颜色，如程序清单5-27所示。

程序清单 5-27

```
context.strokeStyle = 'red ;
context.fillStyle = "blue";
```

接下来，看一下绘图的完整代码，如程序清单5-28所示。

程序清单 5-28

```
<canvas id="canvas" width="500" height="300"></canvas>
<script src="jquery.js"></script>
<script>
 var canvas = document.getElementById("canvas");
 var ctx= canvas.getContext('2d');
 ctx.beginPath();
 ctx .rect(10, 30, 200, 100);
 ctx.closePath();
 ctx.strokeStyle = 'red;
 ctx.fillStyle = "blue";
 ctx.stroke();
 ctx.fill();
</script>
```

在浏览器中的运行效果如图5-17所示。

图5-17　图形绘制运行效果

5.7 案例——电影影评网

本案例是HTML的综合应用案例，综合运用HTML标签实现电影影评网站的制作。

根据效果图（见图5-18），参考程序清单5-29完成，具体制作思路如下，分块搭建页面结构。

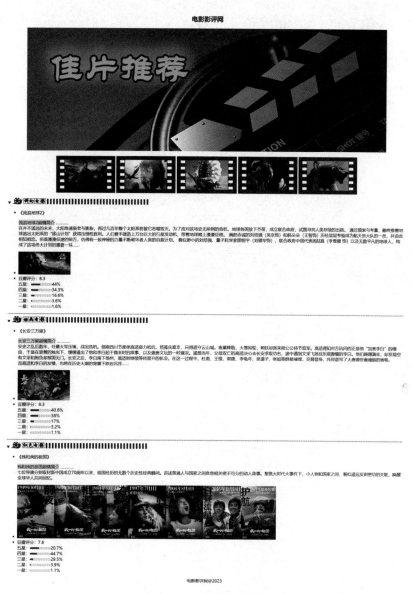

图5-18 电影影评网效果图

1. 头部部分

用<h2>标签实现标题，设置align属性为center居中，使用<img>标签设置bannner图片，用<p>标签包裹<img>标签，设置居中效果。

2. 导航部分

用<p>标签结合<img>标签制作导航，设置<p>标签居中效果。

3. 主体内容部分

使用<article>标签制作主体内容部分。

使用<details>标签再配合<summary>标签，实现用<details>定义标题，标题是可见的，用户单击标题时，会显示出<details>标签的内容。

<details>中具体内容用无序列表<ul>实现。

用语义化标签<header>标记标题。

用<mark>标签设置重要内容高亮显示。

用<label>和<span>标签标记普通文本用来显示说明。

用<meter>标签实现评分分值效果。

4. 脚部部分

用语义化标签<footer>实现脚部文字说明。

程序清单 5-29

```
<header>
    <h2 align="center">电影影评网</h2>
    <p align="center">
        <img src="images/banner.png">
    </p>
</header>
<nav>
    <p align="center">
        <img src="images/nav1.jpg">
        <img src="images/nav2.jpg">
        <img src="images/nav3.jpg">
        <img src="images/nav4.jpg">
        <img src="images/nav5.jpg">
    </p>
</nav>
<article>
<details>
    <summary><img src="images/222.png"></summary>
    <ul>
        <li>
            <header>《流浪地球2》</header>
            <p><mark>流浪地球2剧情简介</mark>…………<br>在并不遥远的未来,太阳急速衰老与
膨胀,……,构成了这项伟大计划的重要一环……</p>
        </li>
        <li><img src="images/liulan.jpg" width="200px"></li>
        <li>
            豆瓣评分: 8.3<br>
            <label>五星: </label>
```

```
        <meter value="44" min="0" max="100" low="0" high="100"
            optimum="100"></meter><span>44%</span><br>
        <label>四星: </label>
        <meter value="34.3" min="0" max="100" low="0" high="100"
            ptimum="100"></meter><span>34.3%</span><br>
        <label>三星: </label><meter value="16.6" min="0" max="100"
            low="0" high="100" optimum="100"></meter>
        <span>16.6%</span><br>
        <label>二星: </label><meter value="3.6" min="0" max="100"
            low="0" high="100" optimum="100">
        </meter><span>3.6%</span><br>
         <label>一星: </label>
        <meter value="1.6" min="0" max="100" low="0" high="100"
            optimum="100"></meter>
        <span>1.6%</span>
    </li>
  </ul>
  <hr size="3" color="#ccc">
</details>
...........
</article>
<footer align="center">
    电影影评网@2023
</footer>
```

5.8 习题

扫描二维码，查看习题。

5.9 练习

使用canvas技术完成如图5-19所示效果，并且钟表能够根据当前时间动态变化。

图5-19 练习图

第2部分

CSS3 美化页面

第6章　CSS基础

🐭 **思维导图**

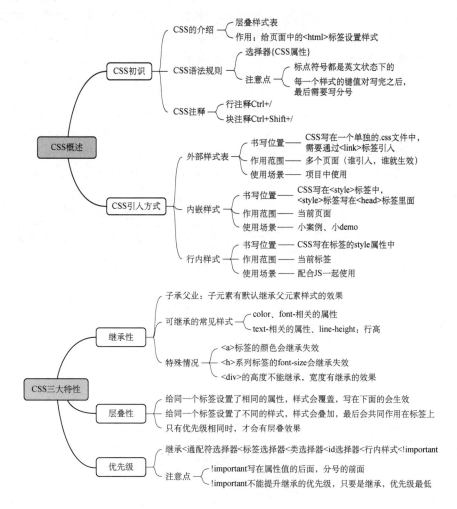

　　层叠样式表（CSS）是一种用来为结构化文档（如 HTML 文档）添加样式（字体、间距和颜色等）的计算机语言，由 W3C 定义和维护。

6.1　CSS 概述

CSS 基本操作

1. CSS 基本概念

　　CSS 通常称为 CSS 样式或样式表，主要用于设置 HTML 页面中的文本内容（字体、大小、对齐方式等）、图片的外形（宽高、边框样式、边距等）以及版面的布局等外观显示样式，CSS 主要用于网页的美化。

2. HTML 标记不足之处

　　HTML 主要用于确定网页的内容，而这些内容的修饰，美化工作，则交给 CSS 来完成，虽然在学习 HTML 标签时，有些标签的属性可以用于控制样式，如 <table> 标签的 border 属性可以为表格添加边框，但是通常不推荐这么做，因为使用大量的 HTML 属性来控制网页的样式会导致页面代码的臃肿，难以调试。

　　HTML 标记的不足之处：代码烦琐，格式的一致性差，可维护性差，网页实现效果缺乏动态性与交互性，因此需要使用 CSS 来完成网页样式的控制，让代码各司其职，有利于后期网页的维护和扩展，CSS 不能单独使用，它必须配合 HTML 才有意义。

3. CSS 发展史

　　CSS 发展史如图 6-1 所示。从 1996 年 CSS1 发布，定义了网页的基本属性，如字体、颜色、补白、基础选择器等。1998 年发布的 CSS2，在 CSS1 的基础上，添加了高级功能，如浮动和定位、部分高级选择器。2004 年发布的 CSS2.1 修改 CSS2 中的错误，增加一些扩展内容。到 CSS3，遵循模块化开发，虽然还没定稿，但各主流浏览器已经支持其中的绝大部分特性。

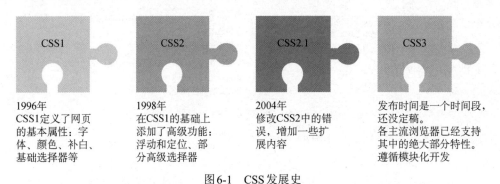

图 6-1　CSS 发展史

4. CSS 浏览器支持情况

　　由于各浏览器厂商对 CSS3 各属性的支持程度不一样，因此在标准尚未明确的情况下，会用厂商的前缀加以区分，通常把这些加上私有前缀的属性称为"私有属性"。各主流浏览器都定义了自己的私有属性，以便让用户更好地体验 CSS 的新特性。

各浏览器的私有前缀名如表6-1所示，推荐写法如图6-2所示，把带前缀的写在前面，最后再写一个不带私有前缀的。

表 6-1 各浏览器的私有前缀名

私有前缀	相关浏览器
-ms	IE浏览器
-webkit	Chrome浏览器、Safari（苹果）
-moz	Firefox浏览器
-o	Opera浏览器

```
-moz-border-radius: 10px;
-ms-border-radius: 1px;
-webkit-border-radius: 10px;
-o-border-radius: 10px;
border-radius: 10px;
```

图6-2 CSS前缀推荐写法

5. CSS3优势

（1）节约成本。

CSS3的新功能帮我们摒弃了冗余的代码结构，远离很多JavaScript脚本或者Flash代码。网页设计者不再需要花大把时间去写脚本，极大地节约了开发成本。

（2）提高性能。

由于功能的加强，CSS3能够用更少的图片或脚本制作图形化网站。在进行网页设计时，可以减少标签的嵌套和图片的使用数量，网页页面加载也会更快。

（3）表现和内容分离。

CSS负责页面的样式，而HTML负责内容和结构的定义。这种分离提高了页面的可读性和可维护性。

6.2 结构与表现分离

如果希望网页美观、大方、维护方便，就需要使用CSS实现结构与表现的分离。结构与表现相分离是指在网页设计中，HTML标签只用于搭建网页的基本结构，不使用标签属性设置显示样式，所有的样式交由CSS来设置。

如图6-3所示的代码片段，就是将CSS嵌入在HTML文档中，虽然与HTML在同一个文档中，但CSS集中写在HTML文档的头部，也是符合结构与表现相分离的。

```
1   <!DOCTYPE html>
2 ⊟<html>
3 ⊟  <head>
4         <meta charset="utf-8">
5         <title>第一个网页标题</title>
6 ⊟      <style>
7 ⊟          p {
8                 font-size: 36px; /*设置字号为36px*/
9                 text-align: center; /*设置文本居中*/
10                color: red; /*设置字体颜色为红色*/
11            }
12        </style>
13     </head>
14 ⊟   <body>
15         <p>这是我的第一个网页</p>
16     </body>
17  </html>
```

此处是CSS样式，用于控制段落文本的字号，对齐方式，颜色

此处是HTML内容

图6-3　结构与表现分离代码块

如今大多数网页都是遵循Web标准开发的，即用HTML编写网页结构和内容，而相关版面布局、文本或图片的显示样式都使用CSS控制。

HTML与CSS的关系就像人的身体与衣服，通过更改CSS样式，可以轻松控制网页的表现样式。

当拿到一个网页的设计图时，首先应当关注网页的文字内容及内容模块之间的关系，把重点放在编写HTML语义化的代码上，不要过多地考虑设计图上的布局样式，等到HTML按内容编写完以后再考虑样式如何实现，力求在不改变样式结构的基础上实现要求的视觉效果，从而减少HTML和CSS的契合度。

6.3　CSS 语法基础

要想熟练地使用CSS对网页进行修饰，首先要了解CSS样式规则。CSS由多组"规则"组成。每个规则由"选择器"（selector）、"属性"（property）和"值"（value）组成。

设置CSS样式的具体语法格式如下：

选择器　{ 属性1:属性值1; 属性2:属性值2; 属性3:属性值3; }

选择器用于控制哪些标签需要应用样式，属性名用于表示需要设置的样式，每个属性有一个或多个对应的值，属性和值之间使用冒号"："隔开，多个值之间使用空格隔开。

为了全面描述一个元素的样式，通常需要指定多个属性，每个属性就需要一条声明，多条声明之间用分号"；"隔开。CSS样式规则的结构如图6-4所示。

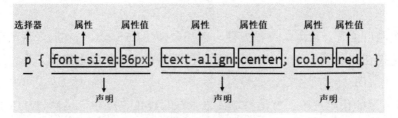

图6-4　CSS样式规则的结构图

上述样式规则中，p是选择器，其中包含三个样式属性。第一个属性中，font-size是属性

名，36px是font-size属性的值；第二个属性中，text-align是属性名，center是text-align属性的值；第三个属性中，color是属性名，red是color属性的值，上述样式规则的作用是将p元素内的字体大小设置为36像素，文字设置为居中对齐，同时将文本颜色定义为红色。

在上面的样式规则中，选择器用于指定需要改变样式的HTML标签，花括号内部是一条或多条声明。每条声明由一个属性和属性值组成，以键值对的形式出现。

一个样式规则中包含多条属性时，声明的顺序并不重要，并且多条属性可以在一行内书写，也可以在多行内书写。为了阅读方便，建议一行只写一个属性，如程序清单6-1所示。

程序清单 6-1

```
h2 {
  color: blue;
  font-size: 12px;
}
```

注意：在书写CSS样式时，除了要遵循CSS样式规则，还必须注意CSS代码结构的特点。

（1）CSS样式中的选择器严格区分大小写，而属性和值不区分大小写，按照书写习惯一般将"选择器、属性和值"都采用小写的方式。

（2）多个属性之间必须用英文状态下的分号隔开，最后一个属性后的分号可以省略，但是为了便于增加新样式最好保留。

（3）如果属性的属性值由多个单词组成且中间包含空格，则必须为这个属性值加上英文状态下的引号。

（4）在CSS代码中空格是不被解析的，花括号以及分号前后的空格可有可无。因此可以使用空格键、Tab键、回车键等对样式代码进行格式化，提高代码的可读性，HBuilder中的快捷键为Ctrl+K。

如图6-5所示，这里的代码块1和代码块2所呈现的效果是一样的，但是代码块2书写方式的可读性更高。

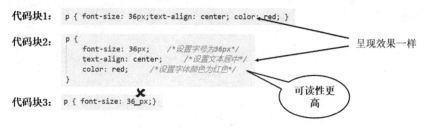

图6-5　代码演示

需要注意的是，属性值和单位之间是不允许出现空格的，例如代码块3中的36和单位px之间有空格，浏览器解析时会出错。

6.4　CSS注释

网站中通常包含大量的CSS代码，通常来说网站内容越丰富，内容越精美，代码量也越大，这时为了后期方便维护程序，提高代码的可读性，在编写CSS代码时，可以通过CSS注释对代码进行说明。CSS 使用"/*"和"*/"符号表示注释，符号之间的内容不会被浏览器解析，主要用于对程序进行补充说明，CSS注释有多行注释和单行注释两种，都必须以/*开始、以*/结束，中间加入注释内容，如图6-6所示。

```
/* 这是CSS注释文本, 有利于方便查找代码          块注释，快捷键Ctrl+Shift+/
此文本不会显示在浏览器窗口中   */              行注释，快捷键Ctrl+/
p {
    font-family: "Times New Roman";/*设置段落英文字体为'Times New Roman'*/
}
```

图6-6　CSS注释

6.5　在网页中嵌入 CSS

CSS 不能单独存在，必须依赖于 HTML 文件才有效果，因此需要将写好的样式嵌入到 HTML 代码中，使样式生效，CSS 一般提供了三种引入方式，以下进行逐一的介绍。

6.5.1　外部样式表

外部样式表，是在单独的文本文件中编写CSS代码的，文件的后缀名为.css。可以使用任意的文本编辑器来编辑，此处依然使用HBuilderX编辑器，创建一个新的文本文件，文件名为style.css。

由于一个网站中的CSS文件可能会非常多，因此建议将创建的CSS文件都存放在一个单独的文件夹中，此处将新建的style.css文件存放在网站目录的css文件夹下，style.css中的代码如程序清单6-2所示。

程序清单 6-2

```
p{
    color: red;
}
```

CSS代码编写后，再新建一个index.html的文件，此时网站的目录结构如图6-7所示。

图6-7　目录结构

index.html代码如程序清单6-3所示。

程序清单 6-3

```
<p>
    CSS外部样式表的使用
</p>
```

当打开 index.html 时，发现 <p> 标签中内容的颜色并没有发生变化，因为最初创建的 style.css 样式表并没有应用到 HTML 文件中，此时，可以使用链入方式来为 HTML 页面加载外部样式表。

在 HTML 文档头部，可以使用 link 元素来链接外部的 CSS 文件。<link> 标签为单标签。在 link 元素中，rel="stylesheet" 表明引入的文件是样式表；通过 href 属性定义样式表文件的 URL，可以使用绝对路径，也可以使用相对路径，相对路径是相对于当前 HTML 文档而言的，如程序清单 6-4 所示。

程序清单 6-4

```
<!DOCTYPE html>
<html lang="en">
<head>
    <meta charset="UTF-8">
    <title>Document</title>
    <link rel="stylesheet" href="css/style.css">
</head>
<body>
    <p>
        CSS外部样式表的使用
    </p>
</form>
</body>
</html>
```

上述代码表示，为 HTML 文档引入了文件名称为 style.css 的外部样式表，style.css 文件位于当前目录的 css 文件夹下，一个页面可以包含多个 link 元素，浏览器会依次加载所有的 <link> 标签中引入的 CSS 代码，并进行渲染，显示效果如图 6-8 所示。

CSS外部样式表的使用

图 6-8　外部样式表显示效果

6.5.2　内嵌样式

内嵌样式，指直接在 HTML 文件中以 <style> 标签的形式嵌入 CSS 代码，而 <style> 标签通常位于 HTML 的 <head> 标签中，此种方式在网站开发中非常常见，如程序清单 6-5 所示。

程序清单 6-5

```
<!DOCTYPE html>
<html lang="en">
<head>
    <meta charset="UTF-8">
    <title>Document</title>
    <style>
```

```
    h1{
        color: green;
    }
  </style>
</head>
<body>
  <h1>
    CSS内嵌样式的使用
  </h1>
</body>
</html>
```

显示效果如图6-9所示。

CSS内嵌样式的使用

图6-9　内嵌样式显示效果

这里的<style>标签中只能编写CSS代码，浏览器会按CSS规则，来解析<style>和</style>标签之间的内容。

需要注意的是，此种方式编写的CSS代码只能对当前的HTML页面有效，而之前使用的CSS文件的形式，则可以嵌入到任意的文件中，如果CSS代码需要在多个网页中进行重用，则应尽量使用CSS文件的形式来组织代码。

6.5.3　行内样式

行内样式指在HTML标签的style属性中编写CSS代码，如程序清单6-6所示。

程序清单 6-6

```
<h2 style="color:blue;">
    CSS行内样式使用
</h2>
```

上述代码通过<h2>标签的style属性将文字的颜色改为了黄色，此种方式编写的CSS样式只对所在的标签有用，当样式过多时会导致HTML代码与CSS代码交织在一起，没有完全实现结构与表现分离，影响后期网页的维护和扩展，因此不推荐使用。

显示效果如图6-10所示。

CSS行内样式使用

图6-10　行内样式显示效果

6.6　CSS 三大特性

CSS是层叠式样式表的简称，层叠性和继承性是其基本特征。对于网页设计师来说，应深刻理解和灵活运用这两种特性。

CSS 三大特性

1. 层叠性

如图6-11所示的代码块，div 显示效果为blue（蓝色），两次样式设置产生了叠加。相同选择器设置相同的样式会覆盖另一种冲突样式。层叠性主要解决样式冲突的问题。

图6-11　CSS层叠性代码块演示

层叠性原则：
- 样式冲突，遵循就近原则，哪个样式离结构近，就执行哪个样式。
- 样式不冲突，不会层叠。

2. 继承性

所谓继承性是指书写CSS样式表时，子标签会继承父标签的某些样式，如文本颜色和字号，简单的理解就是"子承父业"。

观察图6-12所示的HTML文档结构，当使用p元素作为选择器编写一个字体相关的样式规则时，规则将应用于文档中所有的段落和这些段落包含的内联文本。但与字体相关的属性不能应用于图像。

因此，这个HMTL文档结构中，p元素的子代 <em> 标签能够继承字体相关属性，而 <img> 标签是图片标签，不能继承。

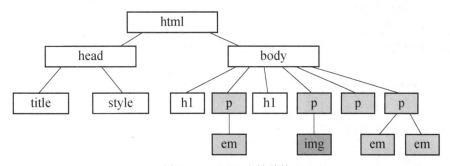

图6-12　HTML 文档结构

并不是所有的CSS属性都可以继承的，例如边框、内/外边距、背景、定位、布局、元素宽高等属性就不具有继承性。不具备继承性的CSS属性如表6-2所示。

表 6-2　不具备继承性的 CSS 属性

属性类型	属性
边框属性	如 border、border-top、border-right、border-bottom 等
外边距属性	如 margin、margin-top、margin-bottom、margin-left 等
内边距属性	如 padding、padding-top、padding-right、padding-bottom 等
背景属性	如 background、background-image、background-repeat 等
定位属性	如 position、top、right、bottom、left、z-index 等
布局属性	如 clear、float、clip、display、overflow 等
元素宽高属性	如 width、height

继承非常有用，可以不必在标签的每个后代上添加相同的样式。如果设置的属性是一个可继承的属性，则只需将它应用于父标签即可。恰当地使用继承可以简化代码，降低 CSS 样式的复杂性。但是，如果在网页中所有的标签都大量继承样式，那么判断样式的来源就会很困难，所以对于字体、文本属性等网页中通用的样式可以选用继承。例如，字体、字号、颜色等可以在 <body> 标签中统一设置，然后通过继承影响文档中的所有文本。

注意事项：

（1）文字控制属性基本都可以继承。

（2）标题文本 <h> 不会继承父级的文字大小，因为自身有默认字号样式。

（3）超链接 <a> 标签不能继承父级元素的颜色 color，因为自身有颜色属性。

（4）应用于具体元素的任何属性都将覆盖该属性的继承值。

3. 优先级

定义 CSS 样式时，使用两个或更多个规则在同一元素上，就会产生优先级。

优先级使用的原理是：

（1）选择器相同，则执行层叠性。

（2）选择器不同，则根据选择器权重执行。

（3）定义一个 !important 命令，该命令被赋予最大的优先级，大于一切。

在 CSS 中的优先级顺序如下：

● 行内样式 > 内嵌样式 > 外部样式表 > 浏览器默认样式。

● !important > 内联样式 > ID > 伪类|类|属性 > 标签 > 伪元素 > 通配符 > 继承。

如果优先级相同的样式发生冲突，则遵循"后来者居上"的规则，最后出现的样式起作用。

```
<style>
    p {color:red;}
    p {color:blue;}
    p {color:green;}
</style>
```

图 6-13　优先级演示代码块

例如图 6-13 所示的代码块，最后 p 段落的字体颜色为绿色。

"后来者居上"的规则同样适用于 CSS 中其他的上下文，如程序清单 6-7 所示。

程序清单 6-7

```
<link rel="stylesheet" href="css/base.css" type="text/css">
<link rel="stylesheet" href="css/pub.css" type="text/css">
```

在声明块中，后面的声明可以覆盖前面的声明。源码中列在后面的外部样式表优先于列在前面的。

6.7　案例——二十四节气歌

本案例使用CSS的三种嵌入方式来完成页面，效果如图6-14所示，HTML文件和内嵌样式参考代码如程序清单6-8所示。

设计思路：

（1）外层用<div>控制大小和位置，样式写在HTML文件的内嵌样式表中。

（2）在<h3>中加span的方法给不同文字定义不同样式，此处用内嵌样式设置。

（3）二十四节气文字用<ul>无序列表实现，样式写在外部样式表中并引用。此处在每个<li>中设置两个span分别表示标号和"春雨惊春清谷天"等文字，用<p>实现"立春　雨水　惊蛰　春分　清明　谷雨"等文字。

图6-14　二十四节气歌效果图

程序清单 6-8

```
<!doctype html>
<html lang="en">
    <head>
        <meta charset="UTF-8">
        <title>二十四节气歌</title>
        <!-- 引入外部样式表 -->
        <link href="style.css" rel="stylesheet" type="text/css">
```

```
    <style type="text/css">
        /* 定义内嵌样式表 */
        * {margin: 0;    padding: 0;}
        #page {
            width: 700px;    margin: 15px auto;
            border: 1px solid #667799;
            box-shadow:2px 2px 10px #ccc;/*设置盒子外阴影*/}
        h3 {font-size: 26px;
            text-align: center;    margin: 10px;    }
    </style>
</head>
<body>
    <div id="page">
        <img src="img.jpg" style="width: 700px;">
        <h3>属于<span style="color: #7755DD;">中国人</span>的独特<span
style="color:red;">浪漫</span></h3>
        <ul>
            <li>
                <span class="circle1">01</span>
                <span>春雨惊春清谷天 </span>
                <p>立春 雨水 惊蛰 春分 清明 谷雨</p>
            </li>
            <li>
                <span class="circle1">02</span>
                <span>夏满芒夏暑相连</span>
                <p>立夏 小满 芒种 夏至 小暑 大暑</p>
            </li>
            <li>
                <span class="circle1">03</span>
                <span>秋处露秋寒霜降</span>
                <p>立秋 处暑 白露 秋分 寒露 霜降</p>
            </li>
            <li>
                <span class="circle1">04</span>
                <span>冬雪雪冬小大寒</span>
                <p>立冬 小雪 大雪 冬至 小寒 大寒</p>
            </li>
        </ul>
    </div>
</body>
</html>
```

外部样式表如程序清单6-9所示。
程序清单 6-9

```
li {
    list-style: none;width: 600px;
    font-size: 30px;    font-weight: bold;
```

```
   border-radius: 50px;/* *设置圆角边框* */
   border: 3px solid #3f9e72;    background: #367f4a;
   color: white;    padding: 5px 10px;margin: 10px auto;}
.circle1 {
   font-size: 16px;    color: white;    background: #347c4e;
   padding: 3px;    border: 2px dotted white;/*设置虚线边框*/
   border-radius: 50%;/*设置圆角边框*/}
p {
   font-size: 20px;    font-weight: bold;
   padding-bottom: 5px;padding-left: 20px;
   display: inline-block;}
```

6.8　习题

扫描二维码，查看习题。

6.9　练习

建立你的第一个CSS样式表，要求对 <p> 进行以下设置：指定字体颜色、背景颜色、字号、粗体字、右对齐、下画线。

第7章　选择器

 本章学习目标

◇ 了解选择器的基本概念
◇ 掌握基本选择器的使用
◇ 掌握高级选择器的使用

 思维导图

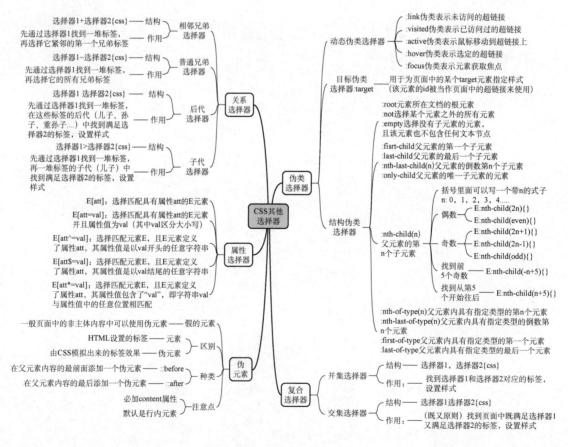

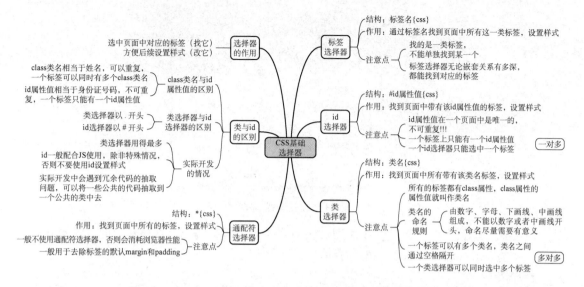

在为 HTML 标签添加样式时，需要精确地控制哪些元素要添加样式，哪些元素不要添加样式，这时就需要使用选择器来完成元素的选择。CSS 的选择器有多种形式，根据复杂度的不同，可以分为基础选择器和高级选择器。其中高级选择器包括属性选择器、复合选择器、关系选择器等。

7.1　基础选择器

基础选择器是应用最频繁的选择器，CSS 的基础选择器有标签选择器、类选择器、id 选择器、通配符选择器。

7.1.1　标签选择器

标签选择器，顾名思义，是直接使用 HTML 标签的名称作为选择器（如 html、p、h1、em、a、img 等），按标签名称分类，为页面中某一类标签指定统一的 CSS 样式。由于使用标签的名称作为选择器，故此种选择器作用的范围非常广泛，可以定位到所有符合条件的标签，其基本语法格式如下：

标签名{

　　属性 1:属性值 1;

　　属性 2:属性值 2;

　　属性 3:属性值 3;

}

所有的 HTML 标签名都可以作为标签选择器，用标签选择器定义的样式对页面中该类型的所有标签都有效。

如图 7-1 所示代码块，使用 p 选择器定义 HTML 页面中所有段落 p 的样式。可以将所有的 <p> 标签中内容都设置为字体大小 24px

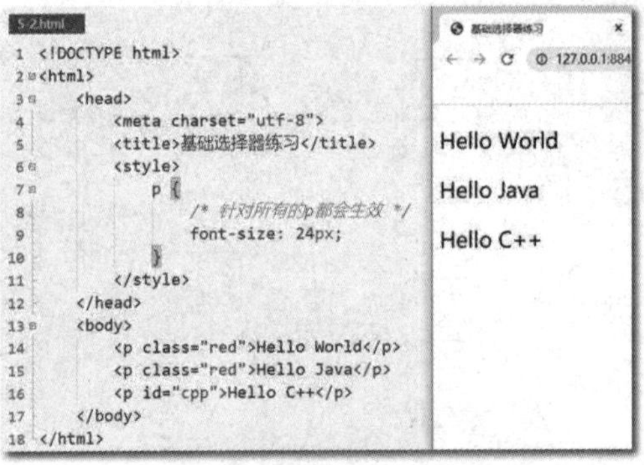

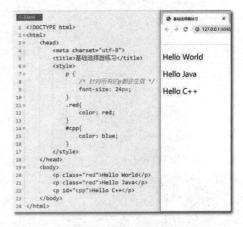

图7-1　标签选择器举例

标签选择器最大的优点是能快速为页面中同类型的标签统一设置样式，同时这也是它的缺点，不能差异化设计样式，如程序清单7-1所示。

程序清单 7-1

```
p { color: red; }
h1 { font-size: 16px; }
```

上述规则将匹配文档中所有的p元素和h1元素，为它们应用样式。应用上述样式后，文档中的所有段落文本为红色，所有h1标题字体大小为16px。

7.1.2　id选择器

id选择器通过元素的id属性值选择元素，所有的HTML标签都可以添加id属性，其属性值不能使用纯数字。

id选择器使用"#"进行标识，后面紧跟id名。其基本语法格式如下。

#id名{

　　　　属性1:属性值1;

　　　　属性2:属性值2;

　　　　属性3:属性值3;

}

id名即为 HTML 元素的 id 属性值，大多数HTML元素都可以定义id属性，元素的id名是唯一的，只能对应于文档中某一个具体的元素。

如图7-2所示代码块可以给 id 为#cpp 的 <p>标签设置颜色为蓝色。

一般来说，在设置id名时需要设置唯一的值，现在很多浏览器，同一个id可以应用多个标签，并不报错，但是这种做法是不被允许的，因为JavaScript等脚本语言调用id时会出错。

另外，id 选择器不支持定义多个值，类似id="cpp blue"的写法是错误的。

图7-2　ID选择器举例

id选择器举例如程序清单7-2所示。

程序清单 7-2

```
#para{ font-weight: bold; }
```

HTML 代码如程序清单7-3所示。

程序清单 7-3

```
<p id="para">段落</p>
```

上述代码为<p>标签添加了id属性，值为para，通过#para选择
器选择到<p>标签，并为其应用样式，将字体设置为粗体。

显示效果如图7-3所示。

注意：

（1）所有的标签都有id属性。

（2）id属性值类似于身份证号码，在一个页面中是唯一的，不可重复。

（3）一个标签上只能有一个id属性值。

（4）一个id选择器只能选中一个标签。

段落

图7-3　id选择器显示效果

7.1.3　类选择器

类选择器通过HTML标签的class属性值选择元素，所有的HTML标签都可以设置class属性，属性值不能为纯数字，class属性值不同于id属性值，class属性值可以重复，并且可以设置多个，类似class="red italic"的写法是允许的。

类选择器基本语法格式如下，当需要使用类选择器选择元素时，需要在类名前面加一个点（.）。类名即为HTML元素的class属性值，大多数HTML元素都可以定义class属性。

```
.类名{
    属性1:属性值1;
    属性2:属性值2;
    属性3:属性值3;
}
```

如图7-4所示代码块可以给类名一样的<p>标签设置颜色为红色。

图7-4　类选择器举例

在使用类选择器时要注意：类名的第一个字符不能使用数字，并且严格区分大小写，一般采用小写的英文字符。

如程序清单7-4定义了名称为red的类选择器。

程序清单 7-4

```
.red { color: red }
```

因为任意的HTML元素均可设置class属性值，并且可以相同，因此类选择器在所有的选择器中使用是最频繁的，也是最灵活的，只要元素有相同的class值就可以通过类选择器选择，如程序清单7-5所示。

程序清单 7-5

```
<p class = "red">段落</p>
<h1 class = "red">一级标题</p>
```

浏览器会在网页中寻找 class属性中包含red的元素，因此 p 元素和 h1 元素都会被选中，其中文字都会变为红色。

显示效果如图7-5所示。

段落

一级标题

图7-5 类选择器显示效果（1）

当HTML标签有多个class属性值时，属性值之间需要用空格分隔，表示为该元素应用多个类选择器的样式。当元素应用多个类的样式时，类名不分先后顺序，元素的最终样式就是所有这些样式层叠后的效果，如程序清单7-6所示。

程序清单 7-6

```
.red { color: red; }
.bold { font-weight: bold; }
```

HTML代码如程序清单7-7所示。

程序清单 7-7

```
<p class = "red bold">本段落的文本将显示为红色、粗体。</p>
```

p元素同时应用了red和bold两个类选择器的样式，则段落文本为红色、粗体显示。

显示效果如图7-6所示。

本段落的文本将显示为红色、粗体。

图7-6 类选择器显示效果（2）

注意：

（1）所有的标签上都有class属性，class属性的属性值称为类名（类似于起了一个名）。

（2）类名可以由数字、字母、下画线（_）、中画线（-）组成，但是不能以数字开头或者中画线开头。

（3）一个标签中可以同时有多个类名，类名之间用空格隔开。

（4）类名可以重复，一个类选择器可以同时选中多个标签。

建议命名规划：

（1）所有的命名最好都小写。

（2）尽量使用英文命名，且使用有意义、语义明确的名称。

（3）命名应尽可能短，但要看得出意义，推荐常见单词简写，比如将.button写为.btn。

（4）属性的值一定要用双引号("")括起来。

命名遵循：主要的、重要的、特殊的、最外层的盒子用id选择符号("#")开头命名，其他都用类选择符号（"."）开头命名，同时考虑命名的CSS选择器在HTML中重复调用。

7.1.4　通配符选择器

通配符选择器用"*"号表示，它是所有选择器中作用范围最广的，能匹配页面中所有的元素，其基本语法格式如下。

```
*{
    属性1:属性值1;
    属性2:属性值2;
    属性3:属性值3;
}
```

一般情况下，通配符选择器用于清除所有HTML标签的默认边距，如图7-7所示代码块，使用通配符选择器，清除所有HTML标签的默认边距。

在实际网页开发中不建议使用通配符选择器，因为通配符选择器设置的样式对所有的HTML标签都生效，不管标签是否需要该样式，这样反而降低了代码的执行速度。

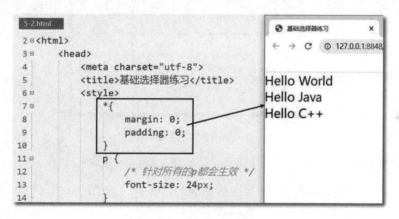

图7-7　通配符选择器

7.2　复合选择器

书写CSS样式表时，可以使用基础选择器选中目标元素。但在实际的Web开发中，一个网页可能包含成千上万个元素，元素往往会互相嵌套，层级结构也会非常复杂，如果仅使用基础选择器则无法应对，为此CSS提供了其他选择器，实现了更强、更方便的选择功能。

复合选择器是由两个或多个基础选择器，通过不同的方式组合而成的。CSS复合选择器包括交集选择器、并集选择器。

1. 交集选择器

交集选择器，又称标签指定选择器，由两个选择器构成，如果仅想给特定的元素添加样式，可以在类选择器的前面添加特定元素名称，标签指定的选择器中的第一个为标签选择器，第二个为类选择器或id选择器，两个选择器之间不能有空格，如p#cpp或p.red。p.red表示该类选择器只匹配标签名称为p，且class属性值为red的元素，如程序清单7-8所示。

程序清单 7-8

```
p.red { color: red }
```

特别提醒：p.red之间不能含有空格，否则浏览器会将其解释为后面讲解的子元素选择器。

标签指定选择器p.italic定义的样式仅仅适用于<p class="italic">标签，不会影响使用了red类的其他标签，如图7-8所示代码块。

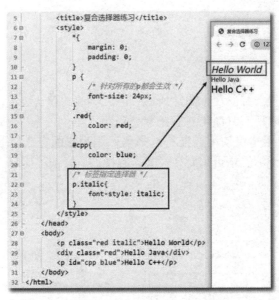

图7-8 标签指定选择器举例

2. 并集选择器

并集选择器是各个选择器通过逗号连接而成的，任何形式的选择器，都可以作为并集选择器的一部分。如果某些选择器定义的样式完全相同或部分相同，就可以利用并集选择器为它们定义相同的CSS样式。

注意：逗号是英文状态的。

如图7-9所示，h1、h2、p使用并集选择器同时设置字体颜色为红色。h2、.bold、#third使用并集选择器同时设置加粗倾斜删除线。

使用并集选择器定义样式与对各个基础选择器单独定义的样式效果完全相同，且书写更简洁、高效。

并集选择器可以把任意数量、任意类型的选择器放在组中进行声明，如程序清单7-9所示。

程序清单 7-9

```
p, span, .blue, #blue {
color: blue;
}
```

```
1  <!DOCTYPE html>
2  <html>
3      <head>
4          <meta charset="utf-8">
5          <title>复合选择器练习</title>
6          <style>
7              h1,h2,p{
8                  color:red;
9              }
10             h2,.bold,#third{
11                 font-weight: bold;
12                 font-style: italic;
13                 text-decoration: line-through;
14             }
15         </style>
16     </head>
17     <body>
18         <h1>一级标题</h1>
19         <h2>二级标题，加粗倾斜删除线</h2>
20         <p class="bold">第一个段落，加粗倾斜删除线</p>
21         <p>第二个段落，普通文本</p>
22         <p id="third">第三个段落，加粗倾斜删除线</p>
23     </body>
24  </html>
```

h1,h2,p使用并集选择器
同时设置字体为红色

h2,.bold, #third使用
并集选择器同时设置加粗倾斜删除线

一级标题

二级标题，加粗倾斜删除线

第一个段落，加粗倾斜删除线

第二个段落，普通文本

第三个段落，加粗倾斜删除线

图 7-9   并集选择器举例

上述代码中涉及了标签选择器、类选择器、id 选择器，当然也可以在其中使用其他的选择器，所有被 "," 分隔的选择器都会产生效果。

7.3   属性选择器

属性选择器、关
系选择器

属性选择器可以根据元素的属性及属性值来选择元素，表 7-1 所示的就是所有的属性选择器及功能描述。

表 7-1   所有的属性选择器及功能描述

属性选择器	功能描述
E[att]	选择匹配具有属性 att 的 E 元素
E[att=val]	选择匹配具有属性 att 的 E 元素，并且属性值为 val（其中 val 区分大小写）
E[att^=val]	选择匹配元素 E，且 E 元素定义了属性 att，其属性值是以 val 开头的任意字符串
E[att$=val]	选择匹配元素 E，且 E 元素定义了属性 att，其属性值是以 val 结尾的任意字符串
E[att*=val]	选择匹配元素 E，且 E 元素定义了属性 att，其属性值包含了"val"，换句话说，字符串 val 与属性值中的任意位置相匹配

1. 第一种方法

E[att] 含有指定属性的元素。

语法：[属性名]{}

E[att] 属性选择器表示选择匹配具有属性 att 的 E 元素，如图 7-10 所示，通过 a[id] 可以选择具有 id 属性的 a 元素进行设置。

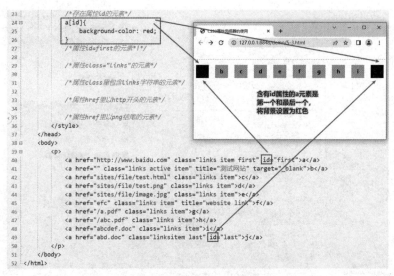

图 7-10 E[att]属性选择器

2. 第二种用法

E[att=val]含有指定属性及指定属性值的元素。

语法：[属性名=属性值]{}

E[att=val]属性选择器是指能够选择匹配具有属性 att 的 E 元素，并且属性值为 val，注意 val 是区分大小写的。

如图 7-11 所示，a[id="first"]表示选择属性 id="first"的 a 元素。

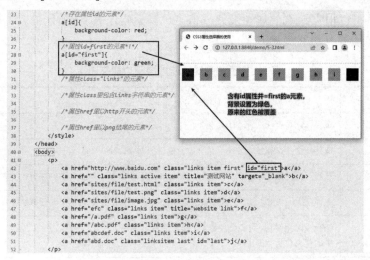

图 7-11 E[att=val]属性选择器

3. 第三种用法

E[att^=value]含有指定属性及指定属性之开头的元素。

语法：[属性名^=属性值]{}

E[att^=value]属性选择器是指选择匹配元素 E，且 E 元素定义了属性 att，其属性值是以 value 开头的任意字符串。

如图7-12所示，a[href^="http"]表示匹配包含href属性，且href属性值是以"http"字符串开头的a元素。

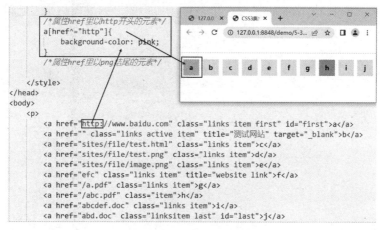

图7-12 E[att^=value]属性选择器

4. 第四种用法

E[att$=value]含有指定属性及指定属性值结尾的元素。

语法：[属性名$=属性值]

E[att$=value]属性选择器是指选择匹配元素E，且E元素定义了属性att，其属性值以value结尾的任意字符串。

E元素可以省略，如果省略则表示可以匹配满足条件的任意元素。

如图7-13所示，a[href$="png"]表示匹配包含href属性，且href属性值是以"png"字符串结尾的a元素。

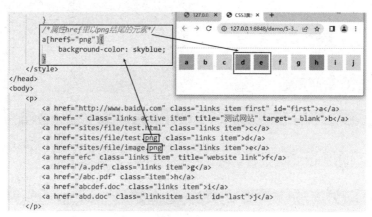

图7-13 E[att$=value]属性选择器

5. 第五种用法

E[att * = value]含有指定属性的元素。

语法：[属性值*=属性名]{}

E[att * = value]属性选择器用于选择名称为E的标签，且该标签定义了att属性，att属性值包含value子字符串。换句话说，字符串value与属性值中的任意位置相匹配。

　　如图7-14所示，a[class* = links]表示匹配包含class属性，且class属性值包含"links"字符串的a元素。

　　这里要注意，属性选择器前面的E元素是可以省略的，如果省略则表示可以匹配满足条件的任意元素。

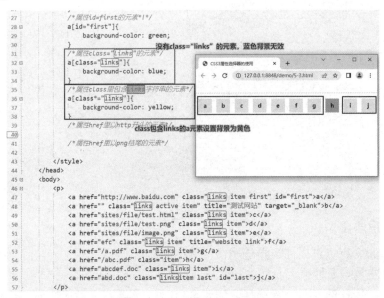

图7-14　E[att * = value]属性选择器

　　下面展示一个属性选择器综合实例。

　　请根据效果图（见图 7-15），结合提供的HTML代码，完成属性选择器的练习，参考代码如程序清单7-10所示。

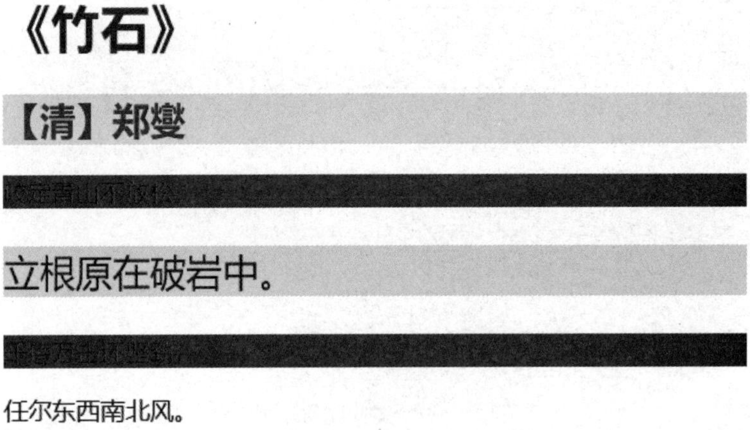

《竹石》

【清】郑燮

咬定青山不放松，

立根原在破岩中。

千磨万击还坚劲，

任尔东西南北风。

图7-15　效果图

程序清单 7-10

```
<!DOCTYPE html>
<head>
    <meta charset="UTF-8">
```

```
    <title>属性选择器</title>
    <style>
        /*选择属性名为title,设置字体颜色红色  */
        [title] {color: red;}
        /*选择属性名为title和属性值为ab的元素，设置字体颜色绿色*/
        [title=ab] {color: green;}
        /*选择属性名为title和属性值以ab开头的元素，设置背景色黄色 */
        [title^=ab] {background-color: yellow;}
        /*选择属性名为title和属性值以ab结尾的元素，设置字体为30px */
        [title$=ab] {font-size: 24px;}
        /*选择属性名为title和属性值含有c的元素，设置背景色为绿色 */
        [title*=c] {background-color: green;}
    </style>
</head>
<body>
    <h1 title="a">《竹石》</h1>
    <h2 title="ab">【清】郑燮</h2>
    <p title="abc">咬定青山不放松，</p>
    <p title="abab">立根原在破岩中。</p>
    <p title="c">千磨万击还坚劲，</p>
    <p>任尔东西南北风。</p>
</body>
</html>
```

属性选择器、
关系选择器

7.4　关系选择器

关系选择器和前面讲的复合选择器类似，但关系选择器可以更精确地控制元素样式。

CSS3中的关系选择器主要包括后代选择器、子元素选择器、相邻兄弟选择器和普通兄弟选择器，表7-2所示的就是关系选择器的功能描述。

表7-2　关系选择器的功能描述

选择器	类型	功能描述
ph2	后代选择器	表示选择<p>标签的所有<h2>子标签
p>h2	子元素选择器	表示选择嵌套在<p>标签的子标签<h2>
p+h2	相邻兄弟选择器	表示选择<p>标签后紧邻的第一个兄弟标签<h2>
p~h2	普通兄弟选择器	表示选择<p>标签所有的<h2>兄弟标签

7.4.1　后代选择器

后代选择器，也称包含选择器，用来选择特定元素的后代，即某个元素包含的元素。当元素发生嵌套时，内层的元素就成为外层元素的后代。如B元素嵌在A元素内部，B元素就是A元素的后代。而且，B元素的后代也是A元素的后代，可以想象为家族关系。

后代选择器用来选择元素或元素组的后代，其写法就是把外层标签写在前面，内层标签写在后面，中间用空格分隔。当标签发生嵌套时，内层标签就成为外层标签的后代。

如图7-16所示，当<p>标签内嵌套<span>标签时，就可以使用后代选择器对其中的<span>标签进行控制。

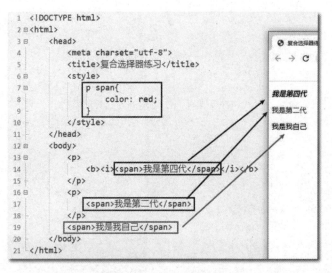

图7-16　后代选择器举例

后代选择器 p span 定义的样式仅仅适用于嵌套在<p>标签中的<span>标签，其他的<span>标签不受影响。

这里要注意，后代不仅仅是儿子，也包括孙子、重孙子，只要最终是放在指定标签中的都是后代。也就是说后代选择器会影响到它的各级后代，没有层级限制，如程序清单7-11所示。

程序清单 7-11

```
div p { color: red; }
```

上述选择器中，div 为父级元素，p 为后代元素，其作用就是选择 div 元素的所有后代 p 元素，不管 p 元素是 div 元素的子元素、孙辈元素或者更深层次的关系，都将被选中。换句话说，不论 p 元素是 div 元素的多少辈的后代，p 元素中的文本都会变成红色。

后代选择器中的空格，用于表示层级关系，不限于二级。根据需要，从任一个祖先元素开始，直到想应用样式的那个元素，都可以被放到后代选择器链中，如程序清单7-12所示。

程序清单 7-12

```
<ul class="list">
    <li><a>首页</a></li>
    <li><a>家电</a></li>
    <li><a>服装</a></li>
        <ul>
            <li><a>果蔬</a></li>
            <li><a>手机</a></li>
        </ul>
    <li><a>购物车</a></li>
</ul>
```

上述 HTML 标签中，如果希望更改所有超链接中的文字样式，就可以通过后代选择器 ul a 来选择 ul 元素的所有后代，因为后代选择器会影响到它的各级后代，如程序清单 7-13 所示。

程序清单 7-13

```
ul a {
    font-size:  16px;
}
```

如果希望第二级列表项的超链接文本的字体大小是 14px，就可以使用 ul.list ul a 的这种多层后代关系的后代选择器实现，如程序清单 7-14 所示。

程序清单 7-14

```
ul.list ul a{
    font-size: 14px;
}
```

7.4.2　子元素选择器

子元素选择器又叫子代选择器，类似于后代选择器，只不过只选择直接子元素，而不选择子元素的后代，父元素与子元素之间使用 ">" 符号表示。后代选择器和子选择器的区别就在于：后代选择器作用于元素的所有后代，子代选择器作用于元素的第一代后代。

在前面菜单的例子中，如果希望第一级列表项的超链接文本的字体加粗显示，因为第一级列表项是 ul 的子元素，这时，就可以使用子选择器来实现，如程序清单 7-15 所示。

程序清单 7-15

```
ul > li a {
    font-weight:  bold;
}
```

如图 7-17 所示代码块，body>p 选中的是 body 的子元素 p，因此，前三个 p 元素被设置成绿色背景。

图 7-17　子元素选择器

7.4.3　兄弟选择器

兄弟选择器用来选择与某元素位于同一个父元素之中，且位于该元素之后的兄弟元素。兄弟选择器分为相邻兄弟选择器和普通兄弟选择器两种。

1. 相邻兄弟选择器

相邻兄弟选择器使用加号连接前后两个选择器。p+h2表示选择 <p>标签后紧邻的第一个兄弟标签 <h2>。

在如图7-18所示的代码中，.active+p选中.active后面相邻的第一个p元素，因此，第2个p元素背景设置成了黄色。

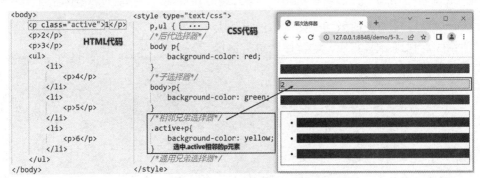

图7-18　相邻兄弟选择器

2. 普通兄弟选择器

普通兄弟选择器，又叫通用兄弟选择器，使用波浪号来链接前后两个选择器。p~h2表示选择 <p>标签后面所有的 <h2>兄弟标签。

在如图7-19所示的代码中，.active~p选中.active后面所有的兄弟p元素，因此，第2、3个p元素背景设置成了蓝色。

这里要注意，这两种兄弟选择器都是向下查找的，也就是找到的是元素后面的兄弟。

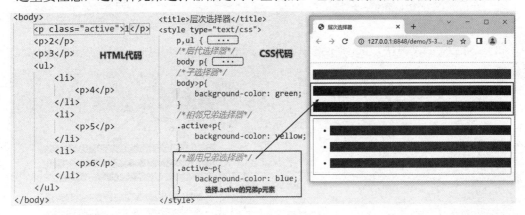

图7-19　普通兄弟选择器

7.5　伪类选择器

伪类伪元素选择器

伪类表示不存在的类，是元素的一种。CSS伪类用来添加一些选择器的特殊效果。由于状态的变化是非静态的，所以元素达到一个特定状态时，它可能得到一个伪类的样式；当状态改变时，它又会失去这个样式。伪类功能和class类似，但它是基于文档之外的抽象，所以叫伪类。伪类用冒号 ":" 表示，伪类名称对大小写不敏感。

伪类有许多种，我们选择常用的伪类来学习。

7.5.1　动态伪类选择器

动态伪类选择器包括以下几种：:link 伪类表示未访问的超链接，:visited 伪类表示已访问过的超链接，:active 伪类表示鼠标移动到超链接上，:hover 伪类表示选定的超链接，:focus 伪类表示元素获取焦点，如表 7-3 所示。

在 CSS 定义中，如果想在同一个样式表中使用全部四个链接伪类，需要以准确的顺序出现：a:hover 必须在 a:link 和 a:visited 之后；a:active 必须在 a:hover 之后。

<a>标签的四种伪类选择器顺序为：a:link、a:visited、a:hover、a:active。

必须严格按照此规则来设置属性，否则无效，另外伪类名称对大小写不敏感。

表 7-3　动态伪类选择器

选择器	说明	备注
:link	未访问的超链接	a 元素超链接所独有的
:visited	已访问过的超链接	a 元素超链接所独有的
:active	鼠标移动到超链接上	可用于任何具有 tabindex 属性的元素
:hover	选定的超链接	可用于页面中的任何元素
:focus	元素获取焦点	可用于任何具有 tabindex 属性的元素

如图 7-20 所示的案例，给 <a>标签设置链接未被访问状态是蓝色，链接被访问过的状态为红色，鼠标悬停在链接上方的状态是黑色，鼠标摁下的状态是绿色。同时给其他 div 元素定义了当用户鼠标悬停在 div 元素上的背景颜色为绿色，设置按钮被激活的背景颜色为深天蓝色，设置文本框获得焦点时的背景颜色为青色，具体代码如程序清单 7-16 所示。

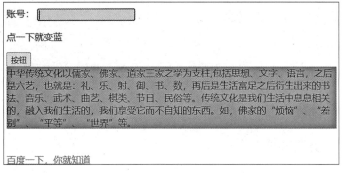

图 7-20　动态伪类选择器

程序清单 7-16

```
<html>
  <head>
    <meta charset="utf-8">
```

```
    <title>动态伪类选择器</title>
    <style type="text/css">
        /*链接未被访问的时候*/
        /*注意查的是浏览器的记录*/
        a:link {color: blue;}
        /*链接被访问过的时候*/
        a:visited {    color: red;    }
        /*鼠标悬停在链接上方的时候*/
        a:hover {color: black;}
        /*鼠标摁下的那一刻*/
        a:active {color: green;}
        /*定义当用户鼠标悬停在div上的样式*/
        div:hover {    background-color: green;}
        /*设置当元素被激活的样式*/
        /*判断是否被激活的标准是鼠标的单击*/
        button:active {    background-color: deepskyblue;}
        /*设置当元素获得焦点时的样式*/
        input#user:focus {background-color: cyan;}
    </style>
</head>
<body>
    <label for="user">账号：</label>
    <input type="text" name="name" id="user">
    <p>点一下就变蓝</p>
    <button>按钮</button>
    <br />
    <div>中华传统文化以儒家、佛家、道家三家之学为支柱,包括思想、文字、语言，之后是六艺,
也就是：礼、乐、射、御、书、数，再后是生活富足之后衍生出来的书法、音乐、武术、曲艺、棋类、节日、
民俗等。传统文化是我们生活中息息相关的，融入我们生活的，我们享受它而不自知的东西。如，佛家的"
烦恼"、"差别"、"平等"、"世界"等。</div>
    <br />
    <br />
    <a href="https://www.baidu.com/" target="_blank">百度一下，你就知道</a>
</body>
</html>
```

7.5.2 目标伪类选择器

目标伪类选择器（:target），用于为页面中的某个target元素（该元素的id被当作页面中的超链接来使用）指定样式。只有用户单击了页面中的超链接，并且跳转到target元素后，该选择器所设置的样式才会起作用。

程序清单7-17中的代码效果是，单击第一个div的超链接，第二个div中对应id的p段落的背景颜色变为黄色，显示效果如图7-21所示。

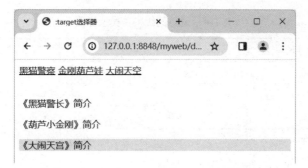

图7-21 :target选择器显示效果

程序清单 7-17

```html
<html>
  <head>
    <meta charset="utf-8">
    <title>:target选择器</title>
    <style>
      :target {
        background-color: yellow;
      }
    </style>
  </head>
  <body>
    <div>
      <a href="#N1">黑猫警察</a>
      <a href="#N2">金刚葫芦娃</a>
      <a href="#N3">大闹天宫</a>
    </div>
    <br>
    <div>
      <p id="N1">《黑猫警长》简介</p>
      <p id="N2">《葫芦小金刚》简介</p>
      <p id="N3">《大闹天宫》简介</p>
    </div>
  </body>
</html>
```

7.5.3 结构伪类选择器

结构伪类选择器是针对HTML层次"结构"的伪类选择器，通过元素的特定位置进行定位，减少HTML文档对id或者类名的定义，有助于保持代码干净整洁。另外需要注意的是，在结构伪类选择器中，子元素的序号是从1开始的。表7-4所示的是常见的结构伪类选择器。

表7-4 觉见的结构伪类选择器

分类	结构伪类选择器	说明
第一类	:root	元素所在文档的根元素
	:not	选择某个元素之外的所有元素
	:empty	选择没有子元素的元素，且该元素也不包含任何文本节点
第二类	:fisrt-child	父元素的第一个子元素
	:last-child	父元素的最后一个子元素
	:nth-child(n)	父元素的第n个子元素
	:nth-last-child(n):	父元素的倒数第n个子元素
	:only-child	父元素的唯一子元素的元素
第三类	:nth-of-type(n)	父元素内具有指定类型的第n个元素
	:nth-last-of-type(n)	父元素内具有指定类型的倒数第n个元素
	:first-of-type	父元素内具有指定类型的第一个元素
	:last-of-type	父元素内具有指定类型的最后一个元素

1. 第一类

（1）:root伪类选择器。

:root伪类选择器用于匹配文档根标签，在HTML中，根标签始终是<html>。也就是说使用":root伪类选择器"定义的样式，对所有页面标签都生效。对于不需要该样式的标签，可以单独设置样式进行覆盖。

如图7-22所示，利用:root设置根目录，页面中所有文字颜色为红色，如果要单独设置h2样式颜色为蓝色，需要单独给h2样式设置颜色。

图7-22 :root伪类选择器

（2）:not伪类选择器。

如果对某个结构标签使用样式，但是想排除这个结构元素下面的子结构元素，让子结构元素不使用这个样式，可以使用 :not伪类选择器。

如程序清单7-18所示代码块，使用body *:not(h2)选中了body元素后代中除了h2元素以外的所有元素，显示效果如图7-23所示。

《再别康桥》

轻轻的我走了，正如我轻轻的来；
我轻轻的招手，作别西天的云彩。
那河畔的金柳，是夕阳中的新娘；
波光里的艳影，在我的心头荡漾。

作者：徐志摩

图7-23 :not伪类选择器显示效果

程序清单 7-18

```html
<!DOCTYPE html>
<html>
    <head>
        <meta charset="utf-8">
        <title>not选择器的使用</title>
        <style type="text/css">
            body *:not(h2) {
                color: orange;
                font-size: 20px;
                font-family: "黑体";
            }
        </style>
    </head>
    <body>
        <h2>《再别康桥》</h2>
        <p>轻轻的我走了，正如我轻轻的来；<br>
            我轻轻的招手，作别西天的云彩。<br>
            那河畔的金柳，是夕阳中的新娘；<br>
            波光里的艳影，在我的心头荡漾。
        </p>
        <div>作者：徐志摩</div>
    </body>
</html>
```

（3）:empty伪类选择器。

:empty伪类选择器选择没有子元素的元素，且该元素也不包含任何文本节点。

在如图7-24所示的代码块中，:empty选中的是没有内容，且没有子元素的第4个\<p>标签，背景设置为灰色。

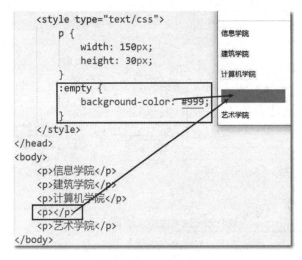

图7-24　:empty伪类选择器

2. 第二类

（1） :first-child 选择器和 :last-child 选择器。

:first-child 选择器和 :last-child 选择器分别用于选择父元素中的第一个和最后一个子元素。

如图7-25所示的代码块和效果，分别设置了父元素div的第一个子元素p颜色为粉色，字号大小为16px，字体为宋体，最后一个子元素p颜色为蓝色，字号大小为16px，字体为微软雅黑。

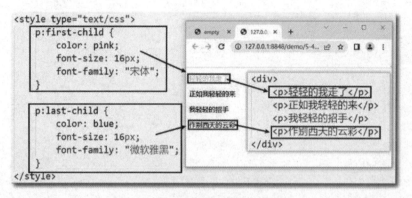

图7-25 :first-child 选择器和 :last-child 选择器

（2）:nth-child(n)和:nth-last-child(n)选择器。

使用:first-child 选择器和:last-child 选择器可以选择某个父元素中第一个或最后一个子元素，但是如果用户想要选择第2个或倒数第2个子元素，这两个选择器就不起作用了。为此，CSS3引入了:nth-child(n)和:nth-last-child(n)选择器，它们是:first-child 选择器和:last-child 选择器的扩展。

如图7-26所示的代码块和效果，p:nth-child(2)选中的是父元素的第二个子元素p，设置颜色为粉色，字号大小为16px，字体为宋体，p:nth-last-child(2)选中的是父元素的倒数第二个子元素p，设置颜色为蓝色，字号大小为16px，字体为微软雅黑。

这里要注意的是，选择的子元素与元素类型无关。

选择器参数n的值可以是even或2n（选中偶数位的元素）、odd或2n+1（选中奇数位的元素）。

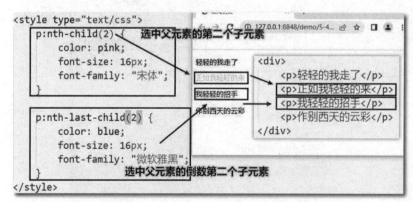

图7-26 :nth-child(n)和:nth-last-child(n)选择器

（3）nth-of-type(n)和:nth-last-of-type(n)选择器。

nth-of-type(n)和:nth-last-of-type(n)选择器用于匹配属于父元素的特定类型的第 n 个子元素和倒数第 n 个子元素。

程序清单 7-19 是 HTML 代码，在图 7-27 中用 p:nth-of-type(2)设置，选中的是父元素指定类型 p 的第 2 个元素，因此，父元素 body 的第二个 p 元素被选中。p:nth-child(2)不指定类型，因此，父元素 body 的第二个子元素，就是第一个 p 元素被选中。

程序清单 7-19

```
<body>
    <h1>这是标题</h1>
    <p>第一个段落。</p>
    <p>第二个段落。</p>
    <div>
        <p>div中的第一个段落。</p>
        <p>div中的第二个段落。</p>
    </div>
</body>
```

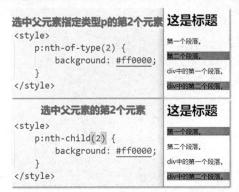

图 7-27　nth-of-type(n)和:nth-child(n)选择器对比

7.6　伪元素选择器

1. :before 伪元素选择器

:before 伪元素选择器可以在被选元素的前面插入内容，它必须配合 content 属性来指定要插入的具体内容。

其基本语法格式如下：

```
<元素>::before
{
    content:文字/url();
}
```

注意：被选元素位于“:before”之前，“{ }”中的 content 属性用来指定要插入的具体内容，该内容既可以为文本也可以为图片。

2. :after伪元素选择器

:after伪元素选择器用于在某个元素之后插入内容，使用方法与:before选择器相同。

伪元素的标准写法是采用双冒号方式，即::before和::after，单冒号和双冒号这两种写法的作用是一样的，采用冒号方式主要考虑浏览器的兼容性。

如程序清单7-20所示的代码块，可以在第一个p元素结束的位置后插入"你好"，并设置颜色为红色，在第二个p元素开始的位置前插入"Hello"，并设置颜色为绿色，字体大小为20px，效果如图7-28所示。

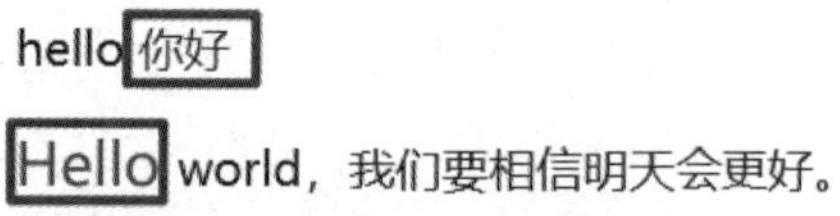

hello 你好

Hello world，我们要相信明天会更好。

图7-28　:before和:after选择器效果图

程序清单 7-20

```
<!DOCTYPE html>
<html lang="en">
 <head>
  <meta charset="UTF-8" />
  <title>伪元素选择器</title>
  <style>
     /* 在第一个p元素结束的位置后+'你好' */
    p:nth-child(1)::after{
       content: ' 你好';
       color:red;
    }
     /* 在第二个p元素开始的位置前+'Hello' */
    p:nth-of-type(2)::before{
       content: 'Hello ';
       color: green;
       font-size: 20px;
    }
  </style>
 </head>
 <body>
  <p>hello</p>
  <p>world，我们要相信明天会更好。</p>
 </body>
</html>
```

7.7　案例——中国四大国粹

中国四大国粹包含中国武术、中国医学、中国京剧和中国书法，请根据效果图（见图7-29）进行设计。

1. 框架搭建

（1）标题采用<h2>标签，水平线宽度设为750像素。

（2）对菜单4个条目分别做链接。

（3）分别创建4个自定义列表，用来呈现内容。

2. 设置样式

（1）对body元素内所有字体设置"微软雅黑"样式，居中对齐。

（2）对<a>标签设置字体大小为22像素，颜色自定义，鼠标移上去加下画线，颜色自定义。

（3）对<dd>标签设置行距为38像素，大小为22像素，颜色为深灰色，先设置dl隐藏。

（4）对<dd>标签中的奇数项标签实行不一样的字体颜色。

（5）对重要的文字加上<em>标签，并设置不同的样式。

（6）为每个<dl>标签创建id标记，并根据需求链接到相应标记。

（7）设置target样式，在单击a超链接时能够显示对应dl内容。

图7-29 中国四大国粹效果图

HTML参考代码如程序清单7-21所示。

程序清单 7-21

```
<!doctype html>
<html>
    <head>
        <meta charset="utf-8">
        <title>中国四大国粹</title>
        <link rel="stylesheet" hrcf="css/style.css">
    </head>
    <body>
        <div class="container">
```

```html
        <h2>中国四大国粹(点击查看)</h2>
        <hr size="3" color=#5E2D00" width="750px" align="center">
        <div>
            <a href="#news1">中国武术</a>
            <a href="#news2">中国医学</a>
            <a href="#news3">中国京剧</a>
            <a href="#news4">中国书法</a>
        </div>
        <hr size="3" color=#5E2D00" width="750px" align="center">
        <dl id="news1">
            <dt><img src="images/1.jpg"></dt>
            <dd>中国武术是一个丰盈饱满的文化载体,在<em>一招一式</em>中折射着中华智慧。
</dd>
            <dd>在<em>一拳一路</em>中体现着中华精神,在<em>一技一理</em>中内隐着中华文
明。</dd>
            <dd><em>上武</em>得道,平天下;<em>中武</em>入喆,安身心;<em>下武</em>
精技,防侵害。</dd>
            <dd>新时代,<em>传承与发展</em>好中国武术文化,应成为一种<em>社会责任</em>。
</dd>
        </dl>
        <dl id="news2">
            <dt><img src="images/2.jpg"></dt>
            <dd>中医指<em>中国传统医学,又称<em>汉医、汉方</em>。</dd>
            <dd>中医用<em>精气学说</em>、<em>阴阳学说</em>和<em>五行学说</em>这三大
哲学理论来解释生命的秘密。</dd>
            <dd>中医诊察疾病的手段主要为<em>望、闻、问、切</em>"四诊"。</dd>
            <dd>中医透析疾病主要从<em>阴、阳、表、里、寒、热、虚、实</em>八个方面辨证施
治。</dd>
        </dl>
        <dl id="news3">
            <dt><img src="images/3.jpg"></dt>
            <dd>京剧,又称<em>平剧、京戏</em>等,(Beijing Opera)中国国粹之一。</dd>
            <dd>是中国<em>影响力最大</em>的戏曲剧种,分布地以<em>北京</em>为中心,遍及
全国各地。</dd>
            <dd>2006年,京剧被国务院批准列入第一批<em>国家级非物质文化遗产名录</em>。
</dd>
            <dd>2010年,京剧被列入联合国教科文组织<em>非物质文化遗产名录</em>。</dd>
        </dl>
        <dl id="news4">
            <dt><img src="images/4.jpg"></dt>
            <dd>书法是<em>中国特有</em>的一种传统文化及艺术,它是汉字书写的一种<em>法则
</em>。</dd>
            <dd>"中国书法",是<em>中国汉字</em>特有的一种传统艺术,书法就是一种文化。
```

```
      </dd>
          <dd>书法连着<em>文字</em>，连着<em>经史子集</em>的经典，是一种中国文化深层
次的集体意识。 </dd>
          <dd>汉字书法被誉为：<em>无言的诗</em>，<em>无形的舞</em>，<em>无图的画
</em>，<em>无声的乐</em>等。 </dd>
      </dl>
   </div>
  </body>
</html>
```

CSS参考代码如程序清单7-22所示。

程序清单 7-22

```
* {list-style: none;}
body {font-family: "微软雅黑"; text-align: center;}
a { text-indent: 1em;display: inline-block;
    font-size: 22px; color: #5E2D00;}
.container { width: 800px; margin: 0 auto;}
/* 设置第一个链接的首行缩进为0 */
a:nth-child(1) { text-indent: 0;}
a:link,a:visited {text-decoration: none;}
a:hover { text-decoration: underline;color: #f03;}
dl {display: none;}
/* 链接到的内容部分显示 */
:target { display: block;}
dd { line-height: 38px; font-size: 22px;
    font-family: "微软雅黑"; color: #333;
    text-align: left;padding-left: 15px;
    font-style: normal;}
dd:nth-child(odd) { color: #BDA793;}
dd:nth-child(odd) em { color: #f03;
    font-weight: bold;font-style: normal;}
dd:nth-child(even) em { color: #5E2D00;
    font-weight: bold;font-style: normal;}
```

7.8 习题

扫描二维码，查看习题。

7.9 练习

1. 分别使用id选择器和类选择器实现图7-30所示页面，并比较两种选择器，哪种更好？

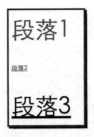

图7-30　练习1图

2. 尝试定义不同的后代选择器，实现对标签<p>的样式选择，体会后代选择器的作用。

第8章　CSS常用样式属性

 本章学习目标

◇ 掌握CSS字体样式设置
◇ 熟悉CSS文本样式设置
◇ 掌握CSS背景样式设置

 思维导图

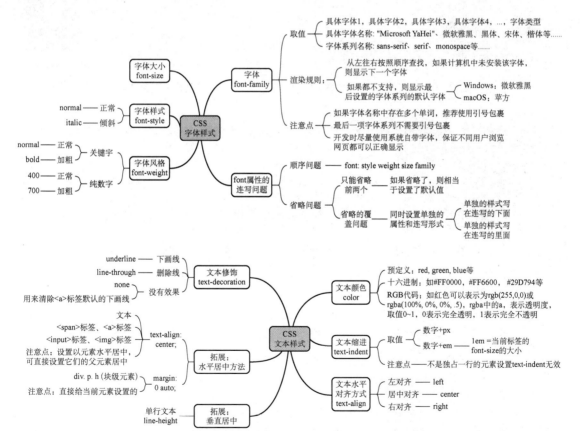

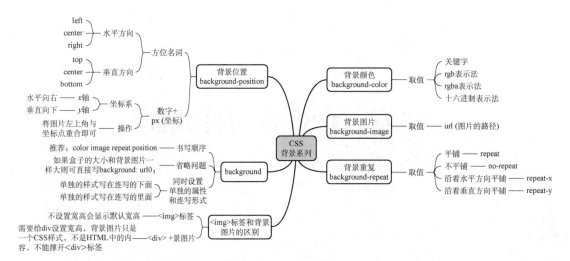

网页中离不开字体，通常需要控制网页中字体的样式、颜色、大小、粗细等，CSS中提供了一系列关于字体的样式设置。除了对字体的设置外，CSS还提供了关于文本的设置，如文本的颜色、行距、对齐方式、行高等样式。CSS同样提供了关于背景的一系列样式，用于丰富网页的展现，利用背景属性可以为元素设置背景颜色、图片等效果。

8.1 字体

1. 字体系列

字体样式属性

font-family属性可以用于控制字体系列。其属性值可以指定具体的字体名称，也可以指定通用的字体名称。

CSS中支持的常见通用字体系列，分别是serif、sans-serif、cursive、fantasy、monospace，如程序清单8-1所示。

程序清单 8-1

```
body {
    font-family: sans-serif;
}
```

上述代码，会使浏览器从 sans-serif 字体系列中选择一种具体字体，并应用于body元素中，需要注意字体具有继承性，也就是所有body中的字体都会采用相同的字体系列，除非子元素单独指定其他的字体系列。

也可以指定具体的字体类型，如font-family："Microsoft YaHei"，将字体设置为微软雅黑，但是如果计算机系统没有所指定的字体，则会自动还原到默认的字体，因此最好有备用字体，通过结合特定字体和通用字体系列，指定多种字体，这样系统会自动根据字体系列逐个选择，如程序清单8-2所示。

程序清单 8-2

```
h1 {
    font-family: "Microsoft YaHei", SimSun, Arial;
}
```

上述代码，如果第一种字体系统不支持，则会自动选择第二种字体，依次类推，可以在字体列表中传入多个字体。

也可以利用此种特性将中文和英文设置为不同的字体显示，此时需要将英文字体写在前面，中文字体写在后面，如程序清单 8-3 所示。

程序清单 8-3

```
div {
    font-family:  Arial,  SimSun;
}
```

浏览器会优先使用 Arial 字体显示文字，因为 Arial 不支持中文字体，则会自动根据后面的宋体显示中文，这样就实现了中文和英文使用不同字体的效果了。

大家会发现指定字体名称时，有时带引号，有时则没有，如果字体的名称中有空格，需要带上引号，可以是单引号，也可以是双引号。

2. 字体大小

font-size 可以用于控制元素中字体的大小。font-size 也具有继承性，元素会自动继承父级元素的字体大小，如果代码中没有给任何元素指定字体大小，则会按照浏览器默认设置的大小显示。

font-size 的属性值可以使用多种单位进行设置，首先可以使用 CSS 预定义的关键字进行设置，关键字分别为 xx-small、x-small、small、medium、large、x-large、xx-large，字体从 xx-small 到 xx-large 逐渐变大，此种方式设置较为简单，但是也有很多缺点，即对于字体的大小无法进行精确控制，而且不同的浏览器对于每个关键字的大小显示也不尽相同，因此很少使用。

也可以使用具体尺寸对字体进行设置，使用的单位有 px（像素）、in（英寸）、cm（厘米）、mm（毫米）等，最常使用的单位是 px。

3. 字体粗细

font-weight 属性可以用于控制字体的粗细，属性可以通过预定义的关键字或数字进行控制，预定义的关键字有 lighter、normal、lighter、bold、bolder，其中默认值为 normal。从 lighter 到 bolder，字体依次变粗。

也可以利用数字对字体的粗细进行更精确的控制。数字须是 100 的倍数，最大值为 900，值越大字体越粗，值为 400 时相当于正常的字体，值为 700 时相当于 bold 的字体粗细。

某些元素会被浏览器加上字体的粗细样式，如 h 系列元素，可以通过 font-weight：normal 来取消这些元素的粗体格式。

4. 字体风格

font-style 属性可以用于控制字体风格，属性值需要设置为预定义的关键字，常用的关键字有 normal、italic，默认为 normal。italic 表示斜体，可以使字体倾斜，如程序清单 8-4 所示。

程序清单 8-4

```
.normal {
    font-style:  normal;
}
```

```
.italic {
    font-style: italic;
}
<p class="normal "> normal </p>
<p class="italic"> italic</p>
```

上述代码定义了 2 种不同的字体样式。运行结果如图8-1所示。

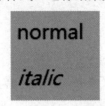

图8-1　字体样式运行结果

还有一个属性值关键字为oblique，它是指浏览器会显示倾斜的字体样式，强制给它倾斜。italic和oblique区别：要搞清楚这个问题，首先要明白字体是怎么回事。有一些字体有粗体、斜体、下画线、删除线等诸多属性，但是并不是所有字体都有这些属性，一些不常用的字体，或许就只有一个正常体，此时如果用italic，就没有效果了，这时候就要用oblique，可以理解成italic是文字的斜体属性，oblique让没有斜体属性的文字倾斜！

5. font综合样式

font属性用于对字体样式进行综合设置，其基本语法如下：

font: font-style　font-weight　font-size/line-height　font-family;

使用font属性时，必须按照上面语法格式中的顺序书写，不能更换顺序，各个属性以空格隔开。其中不需要的属性可以省略（自动取默认值），但必须保留font-size、font-family属性，否则font属性将不起作用。如程序清单8-5所示，会给p段落的文字设置为加粗，斜体，12px大小，行高30px，字体为微软雅黑，效果如图8-2所示。

这是一个设置了字体样式的文本

图8-2　font综合样式设置效果

程序清单 8-5

```
<style type="text/css">
    p{
        font: italic bold 12px/30px 微软雅黑,隶书;
    }
</style>
<p>这是一个设置了字体样式的文本</p>
```

6. @font-face属性

@font-face是CSS3中允许使用自定义字体的一个模块，它主要是把自己定义的Web字体嵌入到网页中。它允许网页开发者为其网页指定在线字体，通过这种自备字体的方式，

@font-face可以消除对客户端上的字体的依赖。

使用方法：

```
@font-face{
font-family: webfont;
src: url( 'xxx.otf' ); / url( 'xxx.ttf' ); / url( 'xxx.eot' );
}
```

8.2　文本

文本样式属性

1. 文本颜色（color）

color属性用于定义文本的颜色，有3种表现形式。

● 预定义的颜色值，如red、green、blue等。

● 十六进制，如#FF0000、#FF6600、#29D794等。实际工作中，十六进制是最常用的定义颜色的方式。

● RGB代码，如红色可以表示为rgb(255,0,0)或rgba(100%, 0%, 0%, .5)。

需要注意的是，如果使用RGB代码的百分比颜色值，取值为0时也不能省略百分号，必须写为0%，a的值使用小数表示。

rgba：在rgb上多了一个a，表示透明度，取值为0～1，0表示完全透明，1表示完全不透明。

2. 文本缩进（text-indent）

text-indent属性用于控制元素第一行文本的缩进宽度，宽度的单位可以是百分比，或是具体的数值，如像素，通常缩进都会控制为几个字符，而不是具体多少像素，因此常使用 em 作为单位，em 是一个相对单位，即相对于父元素字体的大小，因此可以使用text-inden：2em，让文本缩进两个字符。当指定为百分比时，它是相对于父级元素的宽度的。

3. 对齐方式（text-align）

人们总是希望标题居中显示，而段落中的字体居左显示，CSS中提供了text-align用于指定字体的对齐方式，text-align属性常用的属性值为 left、center、right，分别用于指定文字居左、居中、居右。需要注意的是，此属性仅对块级元素有效，典型的块级元素有h系列、\<p>标签、\<div>标签等。

4. 文本修饰（text-decoration）

text-decoration用于对文本添加修饰，可以给文本添加下画线、删除线、上画线等，有如下取值：none，默认，定义标准的文本，没有任何修饰；underline，在文本下方定义一条线；overline，在文本上方定义一条线；line-through，定义穿过文本的一条线。

5. 行高（line-height）

line-height属性用于设置行间距，所谓行间距就是行与行之间的距离，即字符的垂直间距，一般称为行高。line-height常用的属性值单位有三种，分别为像素px、相对值em和百分比%，实际工作中使用最多的是像素px。

在一行的盒子内，我们设定的行高等于盒子的高度，可以让文字垂直居中。它只适用于单行文本。

6. 间距（letter-spacing 和 word-spacing）

在CSS中，我们可以使用letter-spacing属性来控制字与字之间的距离，使用word-spacing属性来定义两个单词之间的距离。

letter-spacing（字间距）属性是控制文字和文字之间的距离，如果文字是英语单词，则英文单词之间有间隔。word-spacing（词间距）属性用于控制单词的间隔，对中文没有效果。两个属性的值可为不同单位的数值，允许使用负值，默认为normal。

7. 文本阴影（text shadow）

text-shadow用于设置文本的阴影效果，可以有多个阴影。

语法格式是：text-shadow: h-shadow v-shadow blur color;

h-shadow：必需属性值，表示水平阴影的位置，允许负值，为正值时水平阴影往右。v-shadow：必需属性值，表示垂直阴影的位置，允许负值，为正值时垂直阴影向下。blur：可选属性值，模糊的距离。color：可选属性值，阴影的颜色。如程序清单8-6所示，为h1元素设置文字阴影，水平阴影2px，垂直阴影2px，阴影颜色为#FF0000，为h4元素设置两个文字阴影，第一个阴影设置水平阴影-5px，垂直阴影-5px，模糊距离为3px，阴影颜色为#00FF00，另一个阴影设置水平阴影10px，垂直阴影10px，模糊距离为2px，阴影颜色为red，效果如图8-3所示。text-shadow可以设置多个阴影同时存在，中间用"，"隔开。

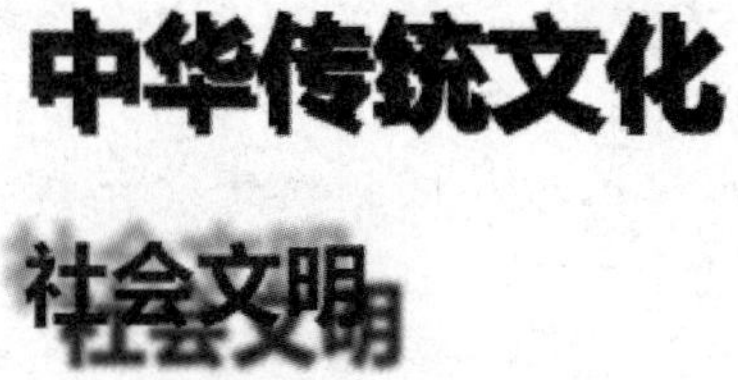

图8-3　text-shadow效果

程序清单 8-6

```
<style type="text/css">
   h1 {
      text-shadow: 2px 2px #FF0000;
   }
   h4 {
      text-shadow: -5px -5px 3px #00FF00,10px 10px 2px red ;
   }
</style>
```

8. 文本溢出（text-overflow）

text-overflow属性用于标示对象内溢出的文本，语法格式为：选择器 {text-overflow:属性值;}。

text-overflow属性的常用取值有两个。

● **clip**：修剪溢出文本，不显示省略标记"…"。

● **ellipsis**：用省略标记"…"标示被修剪文本，省略标记插入的位置是最后一个字符。

为了确保文本内容能够在一行内完整显示，我们还需要使用white-space和overflow属性。其中，white-space属性用于控制文本如何进行换行，而overflow属性用于控制当文本内容超出容器限定宽度时的显示方式。

根据效果图（见图8-4），将页面结构分成标题和正文，再设置CSS效果，参考程序清单8-7完成，具体制作思路如下。

（1）搭建页面结构。

HTML结构中标题h1显示"中国二十四节气之立春"，两个p段落显示正文，p段落中用span包含重要文字。

（2）CSS样式设置。

给标题h1"中国二十四节气之立春"，设置样式字体、颜色、对齐方式、文字阴影、字间距。

给正文p段落设置样式字体、颜色、字号、首行缩进、行高等。

给正文p段落中的重要文字设置样式为颜色蓝色、加下画线、字体加粗、斜体。

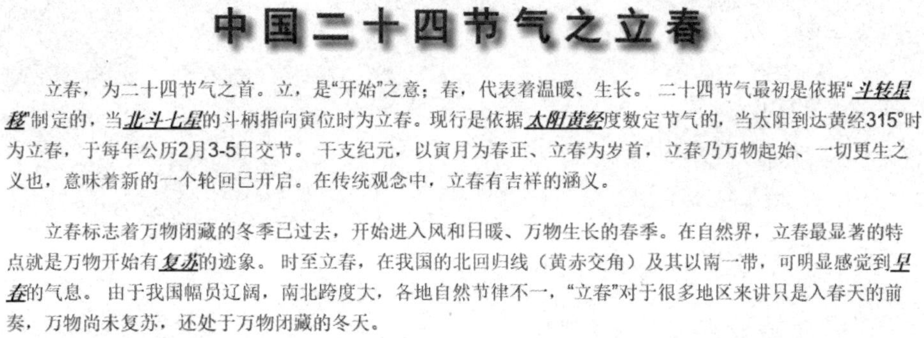

中国二十四节气之立春

立春，为二十四节气之首。立，是"开始"之意；春，代表着温暖、生长。二十四节气最初是依据"*斗转星移*"制定的，当*北斗七星*的斗柄指向寅位时为立春。现行是依据*太阳黄经*度数定节气的，当太阳到达黄经315°时为立春，于每年公历2月3-5日交节。干支纪元，以寅月为春正、立春为岁首，立春乃万物起始、一切更生之义也，意味着新的一个轮回已开启。在传统观念中，立春有吉祥的涵义。

立春标志着万物闭藏的冬季已过去，开始进入风和日暖、万物生长的春季。在自然界，立春最显著的特点就是万物开始有*复苏*的迹象。时至立春，在我国的北回归线（黄赤交角）及其以南一带，可明显感觉到*早春*的气息。由于我国幅员辽阔，南北跨度大，各地自然节律不一，"立春"对于很多地区来讲只是入春天的前奏，万物尚未复苏，还处于万物闭藏的冬天。

图8-4　文本、字体样式案例效果

程序清单8-7

```
<!DOCTYPE html>
<html lang="zh">
    <head>
        <meta charset="UTF-8">
        <title>文字效果</title>
        <style>
            h1 {
                font-family: 黑体, 幼圆;
                color: rgba(0%, 0%, 80%, 0.8);
                text-align: center;
                text-shadow: 5px 5px 5px green;
                letter-spacing: 10px;
            }
            p {
                font-family: Arial, 宋体;
                color: #333333;
```

```
            font-size: 16px;
            text-indent: 2em;
            line-height: 25px;
        }
        p span {
            color: blue;
            text-decoration: underline;
            font-weight: bolder;
            font-style: italic;
        }
    </style>
</head>
<body>
    <h1>中国二十四节气之立春</h1>
    <p>立春，为二十四节气之首。立，是"开始"之意；春，代表着温暖、生长。
        二十四节气最初是依据"<span>斗转星移</span>"制定的，当<span>北斗七星</span>的
斗柄指向寅位时为立春。
        现行是依据<span>太阳黄经</span>度数定节气的，当太阳到达黄经315°时为立春，于每年
公历2月3-5日交节。
        干支纪元，以寅月为春正、立春为岁首，立春乃万物起始、一切更生之义也，意味着新的一个
轮回已开启。在传统观念中，立春有吉祥的涵义。
    </p>
    <p>
        立春标志着万物闭藏的冬季已过去，开始进入风和日暖、万物生长的春季。在自然界，立春最
显著的特点就是万物开始有<span>复苏</span>的迹象。
        时至立春，在我国的北回归线（黄赤交角）及其以南一带，可明显感觉到<span>早春</span>
的气息。
        由于我国幅员辽阔，南北跨度大，各地自然节律不一，"立春"对于很多地区来讲只是入春天的
前奏，万物尚未复苏，还处于万物闭藏的冬天。
    </p>
</body>
</html>
```

8.3 背景

背景属性

1. 背景颜色

可以通过 background-color 属性设置背景颜色，任意的元素均可设置背景颜色属性，background-color 属性的默认值为 transparent，表示透明色，可以透过元素看到其父级元素的背景颜色。

background-color 可以使用的颜色值等同于 color 属性，可以使用颜色单词，也可以使用十六进制的颜色表示方式，同时也可以使用 rgb、rgba 设置背景色，如程序清单 8-8 所示。

程序清单 8-8

```
h1 { background-color: red; }
h2 { background-color: #abcdef; }
```

上述程序中分别将 h1 和 h2 元素的背景颜色设置为红色和浅蓝色。

2. 背景图像

通过 background-image 属性可以为任意的元素设置背景图像，通过 background-image 设置显示图像的方式会比使用 <img> 标签更为灵活。需要注意的是，使用 <img> 标签显示图像时可以不设置元素的宽度和高度，但是在使用 background-image 显示图像时必须设置元素的大小，否则图像无法显示，background-image 的属性值需要指定一个资源的路径，使用 url 表示。默认情况下，background-image 属性设置的背景图像进行平铺重复显示，以覆盖整个元素实体，如程序清单 8-9 所示。

程序清单 8-9

```
div {
    width: 400px;
height: 400px;
border: 1px solid black;
    background-image: url(images/bg.jpg);
}
```

上述程序将 images 目录下的 bg.jpg 设置为背景图像，效果如图 8-5 所示，因背景图像分辨率小于 div 元素的宽和高，因此，图像显示平铺重复显示效果。

3. 背景重复

由于设置背景图像时必须设置元素的大小，当图像的尺寸小于元素的尺寸，图像不足以填充元素的大小时，会自动进行平铺，也就是图像会在水平和垂直方向进行重复显示。

如果不希望图像平铺，则可以通过 background-repeat 属性进行控制，background-repeat 属性值有很多，此处只介绍常用的 4 个值，如表 8-1 所示。

图 8-5　背景设置效果

表 8-1　background-repeat 属性值

属性值	说明
repeat	默认值，图像会在水平和垂直方向进行平铺
repeat-x	图像仅在水平方向进行平铺
repeat-y	图像仅在垂直方向进行平铺
no-repeat	图像不重复

通常来说，会希望图像不出现平铺效果，同时将图像的位置控制在元素的某个方位，这时，就需要通过背景位置来进行控制。上例中的程序，分别设置不同的 background-repeat 属性值，效果对比如图 8-6 所示。

默认值，平铺

background-repeat:no-repeat 不重复

background-repeat:repeat-x

水平方向进行平铺

background-repeat:repeat-y

垂直方向进行平铺

图8-6　background-repeat属性值效果对比

4. 背景位置

background-position 属性用于控制背景图像的方位，可以用于精确控制背景图像在元素中的位置，默认情况下，图像会显示在元素的左上方，可以通过 background-position 设置 x、y 坐标，如 background-position：50px 70px，此时 x 坐标为 50 像素，y 坐标为 70 像素，则图像会相对于元素，向右偏离 50 像素，向下偏离 70px，当然也可以指定负数，方向就会与原始的相反。

background-position 也可以使用预定义的定位，水平方向可选的定位有 left | center | right，垂直方向可选的定位有 top | center | bottom，如果希望图像出现在元素的右下方，则可以使用 background-position: right bottom。同之前的坐标类似，需要先指定水平方位，再指定垂直方位，如果希望图像出现在元素的中心，则可以使用 background-position：center center，此时可以省略一个 center，效果相同。上例中的程序，在设置背景不重复的情况下，添加代码 background-position：center center，效果如图8-7所示。

图8-7　背景定位效果

5. 图像大小

background-size用于规定背景图像的大小，需要元素已经设置了背景图像。

语法：background-position : length | percentage | cover | contain ;

可设置两个值，第二个值可选；第一个值用于设置宽度，第二个值用于设置高度；默认值为auto。

可能的值有以下几个。

（1）length，设置背景图像的高度和宽度，可以采用任何单位，如果只设置一个值，则第二个值会被设置为"auto"。

（2）percentage，以父元素的百分比来设置背景图像的宽度和高度，如果只设置一个值，则第二个值会被设置为"auto"。

（3）cover，将背景图像等比例缩放到完全覆盖容器，背景图像有可能超出容器。

（4）contain，将背景图像等比例缩放到宽度或高度与容器的宽度或高度相等，背景图像始终被包含在容器内。

上例中的程序，给div增加"background-size:contain ;"样式，效果如图8-8所示。

图8-8　设置图像大小效果

8.4　案例——中华传统文化

中华传统文化是中华文明的智慧结晶和精华所在，是中华民族的根和魂，塑造了中华文明的连续性、创新性、统一性、包容性与和平性。请根据效果图（见图8-9），参考程序清单8-10完成设计。

具体制作思路如下：

（1）用一个<div>标签包含所有内容。

（2）用<h2>标签实现标题样式，设置为居中，颜色为深红色。

中华传统文化有哪些

中华传统文化，是中华文明成果根本的创造力，是民族历史上道德传承各种文化思想精神观念形态的总体。中华传统文化主要由**儒佛道**三家文化为主流组成，儒家佛家道家三家文化，**高扬道德**，为国人提供了立身处世的**行为规范**，以及最终的**精神归宿**。在儒佛道三家文化基础上派生出的各种艺术，是中华传统文化的具体表现形式。

① **琴棋书画**：笛子、二胡、古筝、箫笛、鼓、古琴、琵琶。中国象棋、中国围棋；中国书法、篆刻印章、文房四宝、木版水印。国画、山水画、太极图等。

② **传统文学**：主要是指诗词曲赋。《诗经》《楚辞》。如四大名著（《西游记》《红楼梦》《三国演义》《水浒传》）《聊斋志异》等。

③ **传统节日**：中国有各种各样的传统节日，很多事情有各种礼仪和习俗。

④ **中国戏剧**：京剧、越剧、秦腔、潮剧、昆曲、湘剧、豫剧、曲剧、徽剧、河北梆子、皮影戏、川剧、黄梅戏、粤剧、花鼓戏、巴陵戏、木偶戏、梨园戏、歌仔戏、庐剧等。

⑤ **中国建筑**：亭阁牌坊、园林寺院、钟塔庙宇、亭台楼阁、民宅。

⑥ **语言文字**：汉语是我国使用人数最多的语言，也是世界上使用人数最多的文字。我国除汉族使用汉语外，回族满族畲族也基本转用汉语。

⑦ **医药医学**：中医、中药、《黄帝内经》、《针灸甲乙经》、《脉经》、《本草纲目》、《千金方》、《神农本草经》、《伤寒杂病论》等。

⑧ **宗教哲学**：儒、道、释〔佛〕、周易、阴阳、五行、八卦、占卜、风水、面相等。

⑨ **民间工艺**：潮绣、剪纸、风筝、中国织绣（刺绣等）、中国结、泥人、面人、面塑、纹样（饕餮纹、如意纹、雷纹、回纹、巴纹、祥云）、千层底等。

⑩ **中华武术**：太极拳、咏春拳、武当拳、形意拳、少林武术、南拳、剑术等。

⑪ **地域文化**：中土文化、潮汕文化、江南文化、塞北岭南、大漠风情、蒙古草原、黑土地、青藏高原、桂林山水、中原文化、巴陵文化等民风民俗。

⑫ **衣冠服饰**：汉族衣冠服饰始于黄帝，备于尧舜，各朝代形制不同，中国还有受其他民族文化影响而诞生的服饰。少数民族服饰种类较多，如苗族的"吆欠"、"吆欠嘎哈希"、"吆欠涛"。

⑬ **古玩器物**：玉、金银器、瓷器、红木家具、景泰蓝、中国漆器、彩陶、紫砂器、蜡染、古代兵器等。

⑭ **饮食厨艺**：茶、茶道；酒文化、八大菜系饺子、汤圆、粽子、年糕、月饼、筷子等。

⑮ **传说神话**：盘古开天辟地、女娲补天、后羿射日、嫦娥奔月、梁祝、牛郎织女等。

图8-9　中华传统文化效果图

（3）使用<p>标签设置中华传统文化介绍段落，需要标记的文字用span标记。

（4）图片在<p>标签中，设置图片宽度和<div>元素一样宽。

（5）15个传统文化用<ul>无序列表完成，数字用span进行设置，小标题重点文字也使用span实现。另外<li>的下框线设置为虚线，最后一个<li>无下框线。

程序清单 8-10

```
<!DOCTYPE html>
<html>
    <head>
        <meta charset="utf-8">
        <title>中华传统文化有哪些</title>
        <style>
            *{margin: 0;padding: 0;}
```

```
        .content{    width: 680px;    margin: 20px auto;}
        h2{    text-align: center;
            margin: 10px auto;color: darkred;    }
        span.key{    text-decoration: underline;
            font-weight: bold;font-size: 17px;}
        li{    list-style: none;line-height: 25px;
            padding: 10px;background-color: #f3f4df;
            border-bottom: 1px dashed #333;}
        li:last-child{border-bottom: none    }
        p img{    width: 680px;    }
        p.detail{text-indent:2em;
            line-height: 30px;padding: 5px;}
        li span.title{color: darkred;
            font-weight: 600;font-size: 17px;}
        li span.num_bg{display: inline-block;
            width: 25px;height: 25px;
            line-height: 25px;background-color: #999;
            border-radius: 50%;    color: #fff;
            text-align: center;    margin-right: 5px;}
    </style>
  </head>
  <body>
    <div class="content">
        <h2>中华传统文化有哪些</h2>
        <p class="detail">中华传统文化，是中华文明成果根本的创造力，是民族历史上道德传
承各种文化思想精神观念形态的总体。中华传统文化主要由<span class="key">儒佛道</span>三家文
化为主流组成，儒家佛家道家三家文化，<span class="key">高扬道德</span>，为国人提供了立身处
世的<span class="key">行为规范</span>，以及最终的<span class="key">精神归宿</span>。
在儒佛道三家文化基础上派生出的各种艺术，是中华传统文化的具体表现形式。</p>
        <p><img src="img.jpg" alt=""></p>
        <ul>
            <li><span class="num_bg">1</span><span class="title">琴棋书画
</span>：笛子、二胡、古筝、箫笛、鼓、古琴、琵琶。中国象棋、中国围棋；中国书法、篆刻印章、文
房四宝、木版水印。国画、山水画、太极图等。</li>
            <li><span class="num_bg">2</span><span class="title">传统文学
</span>：主要是指诗词曲赋。《诗经》《楚辞》。如四大名著（《西游记》《红楼梦》《三国演义》《水浒传》）
《聊斋志异》等。</li>
            <li><span class="num_bg">3</span><span class="title">传统节日
</span>：中国有各种各样的传统节日，很多事情有各种礼仪和习俗。</li>
            <li><span class="num_bg">4</span><span class="title">中国戏剧
</span>：京剧、越剧、秦腔、潮剧、昆曲、湘剧、豫剧、曲剧、徽剧、河北梆子、皮影戏、川剧、黄梅
戏、粤剧、花鼓戏、巴陵戏、木偶戏、梨园戏、歌仔戏、庐剧等。</li>
            <li><span class="num_bg">5</span><span class="title">中国建筑
</span>：亭阁牌坊、园林寺院、钟塔庙宇、亭台楼阁、民宅。</li>
            <li><span class="num_bg">6</span><span class="title">语言文字
</span>：汉语是我国使用人数最多的语言，也是世界上使用人数最多的文字。我国除汉族使用汉语外，
回族满族畲族也基本转用汉语。</li>
```

```
                <li><span class="num_bg">7</span><span class="title">医药医学
</span>：中医、中药、《黄帝内经》、《针灸甲乙经》、《脉经》、《本草纲目》、《千金方》、《神农本草经》、《伤
寒杂病论》等。</li>
                <li><span class="num_bg">8</span><span class="title">宗教哲学
</span>：儒、道、释〔佛〕、周易、阴阳、五行、八卦、占卜、风水、面相等。</li>
                <li><span class="num_bg">9</span><span class="title">民间工艺
</span>：潮绣、剪纸、风筝、中国织绣（刺绣等）、中国结、泥人、面人、面塑、纹样（饕餮纹、如意纹、
雷纹、回纹、巴纹、祥云）、千层底等。</li>
                <li><span class="num_bg">10</span><span class="title">中华武术
</span>：太极拳、咏春拳、武当拳、形意拳、少林武术、南拳、剑术等。</li>
                <li><span class="num_bg">11</span><span class="title">地域文化
</span>：中土文化、潮汕文化、江南文化、塞北岭南、大漠风情、蒙古草原、黑土地、青藏高原、桂林
山水、中原文化、巴陵文化等民风民俗。</li>
                <li><span class="num_bg">12</span><span class="title">衣冠服饰
</span>：汉族衣冠服饰始于黄帝，备于尧舜，各朝代形制不同，中国还有受其他民族文化影响而诞生的
服饰。少数民族服饰种类较多，如苗族的"呕欠"、"呕欠嘎给希"、"呕欠涛"。</li>
                <li><span class="num_bg">13</span><span class="title">古玩器物
</span>：玉、金银器、瓷器、红木家具、景泰蓝、中国漆器、彩陶、紫砂器、蜡染、古代兵器等。</li>
                <li><span class="num_bg">14</span><span class="title">饮食厨艺
</span>：茶；茶道；酒文化、八大菜系饺子、汤圆、粽子、年糕、月饼、筷子等。</li>
                <li><span class="num_bg">15</span><span class="title">传说神话
</span>：盘古开天辟地、女娲补天、后羿射日、嫦娥奔月、梁祝、牛郎织女等。</li>
            </ul>
        </div>
    </body>
</html>
```

8.5 习题

扫描二维码，查看习题。

8.6 练习

实现如图 8-10 所示效果，注意鼠标悬浮到对应文字时，更改字体颜色为红色，设置列表背景颜色为灰色。

图 8-10 练习 1 图

第9章　盒子模型

 本章学习目标

◇ 理解盒子模型概念
◇ 掌握盒子大小计算方式
◇ 掌握盒子模型的相关属性设置

 思维导图

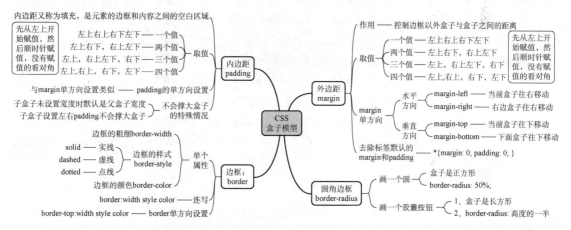

盒子模型是 Web 开发中的一个基本概念，是 CSS 中对元素进行排版的重要技术，它描述了网页元素的外观和大小，用来控制元素在页面上的显示方式。在盒子模型中，页面上的任何一个元素都可以做成一个盒子，每个盒子由内容（content）、内边距（padding）、边框（border）、外边距（margin）这 4 个区域组成。并且内边距、边框、外边距都可分解为上、右、下、左 4 个部分，这些部分的大小和位置都可以通过 CSS 进行控制。

9.1　盒子模型概述

盒子模型基本概念

对于 HTML，任意元素所对应的盒子模型均可用，盒子模型中内容区域是网页元素实际包含内容的区域，内边距是内容区域与边框之间的空白区域，边框是内容区域和内边距之外的一个边框，外边距是边框和相邻元素之间的空白区域。通过控制盒子模型的各个属性，可以实现对网页布局和样式的精确控制，如图9-1所示。

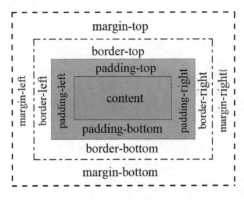

图9-1　盒子模型

图 9-1 中的区域中央部分为元素的内容部分（content），指的是元素实际内容所占据的区域。内容可以是元素所包含的文字、图片或其他子标签，内容部分可以通过设置元素的width和height属性控制宽度和高度。

内容部分四周包围的为内边距（padding），指的是内容区域和边框之间的区域，也就是内容四周的填充部分。内边距可以用来控制元素内容与边框之间的距离。

内边距按照四个方位又分为上边距（padding-top）、下边距（padding-bottom）、左边距（padding-left）、右边距（padding-right）。

padding的外侧为边框（border），指的是内容区域和外边距之间的边界，用于给元素提供可见的边框。与padding类似，边框也分为四个方位，分别为左边框（border-left）、右边框（border-right）、上边框（border-top）、下边框（border-bottom）。

边框的外部为外边距（margin），指的是边框和相邻元素之间的空白区域，外边距可以用来控制元素与相邻元素之间的距离，分为四个方位，分别为左外边距（margin-left）、右外边距（margin-right）、上外边距（margin-top）、下外边距（margin-bottom）。

接下来，将对盒子模型中的属性进行逐一介绍。

9.2　内边距

内边距又称为填充，是元素的边框和内容之间的空白区域，可以通过padding属性来控制元素边框和内容之间的距离。padding的属性值可以是百分比、长度值。

通常来说内边距是可选的，默认值是 0，当然不同的浏览器可能为了美观，会给某些元素加上默认的样式，其中就可能会设置padding属性，因此，为了保证网页在各种不同浏览器上显示统一，需要将元素的padding值设置为 0，用于覆盖浏览器的默认样式。此种设置可以针对某些元素完成，也可以对所有的元素直接设置，如程序清单9-1所示。

程序清单 9-1

```
* {
    padding: 0;
}
```

上述代码使用"*"，表示对所有元素进行选择，并将所有元素的padding设置为0。

使用长度值设置内边距时，通常使用像素作为距离的单位，如程序清单9-2所示，让所有div元素的四周都设置 15px 的内边距。

程序清单 9-2

```
div {
    padding: 15px;
}
```

如果希望更精确地控制元素四周的内边距，则在设置时可以采用多个属性值的方式，多个值需要使用空格分隔，分别代表上、右、下、左四个方位，如程序清单9-3所示。

程序清单 9-3

```
div {
    padding: 15px 25px 30px 30px;
}
```

注意：必须按照上、右、下、左顺时针的顺序设置。

如果想要看到内边距的效果，读者可以尝试给<h1>这些文本标签设置内边距，可以观察到文字由于内边距的缘故，产生了偏移。

在使用百分比方式设置内边距时，元素四周的边距大小都是相对于父元素的宽度计算的。

padding值除了可以设置1个值或4个值外，也可以设置2个或3个值，具体规则如表9-1所示。

表9-1　内边距 padding 值的设置

值的数量	备注
1个值	上下左右四周设置一样，如"padding: 3px;"表示上下左右都是3像素
2个值	第一个值表示上下值，第二个值表示左右值，如"padding: 3px 5px;"表示上下边距3像素，左右边距5像素
3个值	第一个值用于上方值，第二个值用于左右值，第三个值用于下方值，如"padding: 3px 5px 10px;"表示上边距是3像素，左右边距是5像素，下边距是10像素
4个值	按上右下左顺时针顺序设计，如"padding: 3px 5px 10px 15px;"表示上边距3px，右边距5px，下边距10px，左边距15px

当仅需要设置某个方位的值时，也可以根据具体方位单独设置，CSS提供了 padding-top、padding-right、padding-bottom、padding-left 属性，这些属性专门用于根据方位单独对padding进行设置，如程序清单9-4所示。

程序清单 9-4

```
div {
    padding-top: 15px;
    padding-right: 20px;
    padding-bottom: 30px;
    padding-left: 40px;
}
```

上述代码中根据属性中单词的含义，分别对div元素的四周设置了不同的padding值，需要注意此种方式设置，不需要遵循上、右、下、左的规则。

9.3 外边距

margin属性表示元素与元素之间的间隔，属性值的设置方式类似于padding，也分为4个方位，其值可以是百分比、长度值或 auto。

由于外边距也是可选的，故默认值是 0。类似于padding，浏览器也可能会为某些元素设置外边距，需要开发人员进行重置，保持界面的统一，如程序清单9-5所示。

程序清单 9-5

```
* {
    margin: 0;
}
```

使用长度值设置外边距时，通常使用像素为单位，如程序清单9-6所示。

程序清单 9-6

```
p {
    margin: 10px;
}
```

上述代码将p元素四周的margin设置为10px，同样地，也可以遵循上、右、下、左的顺序为margin设置4个值，作用规则与 padding 相同，如程序清单9-7所示。

程序清单 9-7

```
p {
    margin: 10px 10px 20px 20px;
}
```

也可以针对4个方位进行单独设置，如程序清单9-8所示。

程序清单 9-8

```
p {
margin-top: 10px;
margin-right: 20px;
margin-bottom: 30px;
margin-left: 40px;
}
```

盒子模型中如果给多个元素设置margin值，上下两个相邻元素之间的margin就会重叠显示，即用相邻元素margin的最大值显示。

内边距与外边距的区别介绍如下。

（1）内边距（padding）。内边距是元素内容与元素边界之间的空间，用来控制父子元素之间的位置关系。如果给元素添加背景色，内边距的部分也会被背景色覆盖。换句话说，内边距是元素的一部分，改变内边距可以改变元素的大小。

（2）外边距（margin）。外边距是元素边界与周围元素之间的空间，用来控制同辈元素之间的位置关系。它存在于元素的外部，与元素的背景色无关。

在使用内外边距时，需要注意以下几点。

（1）外边距可以使用负值，内边距则不行。

（2）当两个相邻元素之间存在外边距时，会发生外边距重叠。外边距重叠时，重叠的外边距取决于具体情况，通常取两个相邻元素中较大的外边距。

（3）内边距可以为元素增加额外的尺寸，但不会改变元素的大小；外边距会增加元素的总尺寸，可能会影响元素的位置。

（4）在实现水平居中和垂直居中时，内外边距是非常有用的，可以节省很多复杂的布局代码。

9.4 边框

盒子模型相关属性

边框是内容区域和内边距之外的一个边框，border属性用于为元素设置边框，不同于之前学习的HTML，在HTML中为表格添加过边框，还有一些元素，本身就具有边框，如input。利用CSS的border属性可以为所有元素添加边框，当然也可以利用此属性将元素本身的边框去除。

一般在设置边框时，需要指定边框样式（border-style）、边框宽度（border-width）、边框颜色（border-color）三个属性值，利用上述的3个属性值，设置一个简单的边框，如程序清单9-9所示。

程序清单 9-9

```
div{
    width:  200px;
    height: 200px;
    border: 1px solid red;
}
```

显示效果如图9-2所示。

图9-2 边框显示效果

border属性后一共设置了3个属性值，第一个属性值1px代表边框的宽度为1像素，第二个属性值solid表示边框的样式，此处指使用实线，第三个属性值red代表边框使用红色。

上述案例中相当于分别设置了border-width、border-style、border-style，其中border-width 和border-style 必须设置，border-color 如果省略，则默认为黑色。

border-style 可以设置的值有 4 个，默认为none，也就是没有边框，其余三个值分别为solid （实线）、dotted（点线）、dashed（虚线）。

border-width、border-style、border-style 也可以单独分开设置，如程序清单9-10 所示。

程序清单 9-10

```
div{
    width:  200px;
    height:  200px;
    border-width:  1px;
    border-style:  solid;
    border-color:  red;
}
```

上述程序和单独使用border 属性设置效果相同。

border 属性也可以根据四个方位单独进行设置，和 padding、margin 类似，可以分为 border-top、border-bottom、border-left、border-right，结合方位属性可以将四周的边框设置为 不同的效果，如程序清单9-11 所示。

程序清单 9-11

```
div{
    width:  200px;
    height:  200px;
    border-left:  2px solid red;
    border-right:  2px dotted black;
    border-top:  2px solid blue;
    border-bottom:  2px dashed green;
}
```

显示效果如图9-3 所示。

图9-3　边框显示效果

上述程序通过 4 个方位属性分别将 4 个方位的边框设置成了不同的样式，除此之外也可以将 border-width、border-style、border-style 3 个属性结合 4 个方位，产生 12 种属性进行控制，例如，将 border-width 属性和 4 个方位结合，产生 border-top-width、border-bottom-width、border-left-width、border-right-width，不过此种方式非常烦琐，很少使用。

9.5 圆角边框

border-radius圆角边框属性就相当于把一个盒子模型的一个角或多个角变成一段圆弧（圆角）的边框，就达到了圆角的效果。属性的值就相当于变成这段圆弧的边框的半径。

圆角边框属性值取值通常使用百分比值或像素值，和内边框外边框类似。

四个值：依次作用于（左上‖ 右上‖ 右下 ‖ 左下）。

三个值：依次作用于（左上‖ 右上左下 ‖ 右下）。

两个值：依次作用于（左上右下 ‖ 右上左下）。

一个值：四个角同一值。

如果分解属性值，如设置左上角圆角，则可设置属性border-top-left-radius，但一般不使用，border-radius: 5px 0 0 0 也可以实现只设置左上角圆角效果，如程序清单9-12所示，效果如图9-4所示。

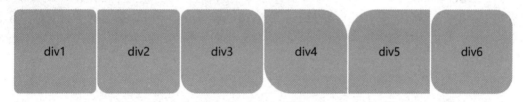

图9-4 border演示效果

程序清单 9-12

```
<!DOCTYPE html>
<html lang="zh">
<head>
    <title>圆角样式</title>
    <style>
        div {
            display: inline-block;background: pink;
            width: 300px;height: 300px;font-size: 40px;
            text-align: center;line-height: 300px;
        }
        /* 圆角样式，设置一个半径为20像素的圆*/
        .div1 {border-radius: 20px;}
        /* 四个值 圆角：左上 右上 右下 左下*/
        .div2 {border-radius: 10px 20px 30px 40px;}
        /* 三个值 第一：左上 第二：右上和左下 第三：右下*/
        .div3 {border-radius: 30px 60px 50px;}
        /* 两个值 左上和右下 右上和左下*/
```

```
        .div4 {border-radius: 0px 100px;}
        /* 左上角 */
        .div5 {border-radius: 100px 0 0 0;}
        /* 百分比取值法: */
        .div6 {border-radius: 20%;}
    </style>
</head>
<body>
    <div class="div1">div1</div>
    <div class="div2">div2</div>
    <div class="div3">div3</div>
    <div class="div4">div4</div>
    <div class="div5">div5</div>
    <div class="div6">div6</div>
</body>
</html>
```

当盒子模型为正方形时，属性值设为边长的一半或设为50%，盒子模型变为一个圆，即使超过这个值还是这个圆，不再变化。

当盒子模型为长方形时，属性值为较短边长一半时，盒子模型变为一个椭圆，即使超过这个值还是这个椭圆，不再变化。长方形用数值单位px和百分比%是有区别的，用单位px时，表示圆角是以这个数值为半径的边框椭圆，数值超过较短边一半时，椭圆将不再变化；用百分比时，表示圆角是分别以这个宽和高对应的百分比为半径的边框椭圆，超过50%时，椭圆将不再变化。

9.6 盒子的大小

盒子的大小指的是盒子的宽度（width）和盒子的高度（height），而盒子的宽度和高度是由内容、内边距、边框、外边距四个部分共同组成的。通过width和height属性控制盒子的宽度和高度，单位可以使用像素，也可以使用百分比。当使用百分比时，相对于父级元素的宽度和高度，注意width和height仅仅控制的是盒子模型中content（内容）的宽度与高度，盒子实际占用的空间还会受到padding与border的影响。在CSS中，可以通过设置box-sizing属性来指定是使用标准盒子模型（content-box）还是IE使用盒子模型（border-box）。

在标准盒子模型（content-box）中，width指的就是内容区域content的宽度，height指的就是内容区域content的高度。它的内边距和边框是向外扩张的，不占用内容部分，所以内容部分的宽和高还是原内容设置的宽和高。

它的最后总宽度（高度）是：原content+padding+border+margin。

在IE盒子模型（border-box）中，宽度和高度包括内容区域、内边距、边框的总和。width（height）指的就是content+border+padding+margin，也就是说给盒子设置的内边距和边框都要从原本设置的内容宽高里面挤出来，它的内边距和边框是向内缩减的，要占用内容部分，所以内容部分的宽和高为原内容设置的宽和高减去内边距和边框部分。

它的最后总宽度（高度）是：原content+margin或新content+padding+border+margin。

CSS盒子模型是网页布局的基础，通过调整这些属性，可以有效地控制HTML元素的外观和在页面中的位置，如程序清单9-13所示。

程序清单 9-13

```
.box {
    width:  100px;
    height:  100px;
    padding:  30px;
    border:  2px solid black;
}
```

上述div元素在网页中实际占用的尺寸需要考虑padding和border，水平方向占据的实际大小为width+padding*2+border*2，也就是100+60+4，共164px，垂直方向计算等同于水平方向。

如果希望width和height控制盒子的实际大小，而不仅仅是内容区域的大小，则可以通过box-sizing属性进行控制，box-sizing属性默认为content-box，也就是width和height仅代表内容区域的大小，如果将box-sizing设置为border-box，则width和height的值相当于content+padding+border的大小，如程序清单9-14所示。

程序清单 9-14

```
.box {
    width:  200px;
    height:  200px;
    border-left:  2px solid red;
    border-right:  2px dotted black;
    border-top:  2px solid blue;
    border-bottom:  2px dashed green;
    box-sizing:  border-box;
}
```

上述程序中的div水平方向、垂直方向占据网页的大小均为200px，内容区域会因为padding与border的存在而收缩。

9.7 案例——盒子模型

请根据程序清单9-15中的参考代码，学习盒子模型，通过浏览器的开发者模式下查看盒子模型，效果如图9-5所示。

（1）先搭建2个盒子，分别命名为.div1和.div2。

（2）再通过给div设置样式，让两个盒子有相同的样式，样式包括盒子的宽度为300px，高度为200px，背景颜色为粉色，内边距为10px，外边距为30px，边框线为20px的红色实线。

（3）然后单独给div1设置标准盒子模型，给div2设置IE盒子模型。

（4）最后在浏览器中预览效果，并按F12键打开开发者模式查看效果。

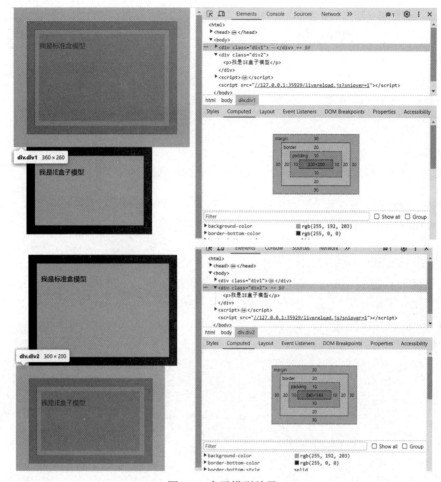

图9-5　盒子模型效果

程序清单 9-15

```
<head>
    <title>盒子模型</title>
    <link rel="stylesheet" href="rest.css">
    <style>
        div{
            width: 300px; height: 200px;
            background-color: pink;
            padding:10px; margin: 30px;
            border: 20px solid red;
        }
        .div1{
            /* 这是一个标准盒子模型 */
            /* 通过box-sizing属性来指定盒子模型类型，它的默认值是content-box，标准盒子模
型 */
            box-sizing: content-box;    /* 此句可省略 */
            /* 内容宽度：还是width: 300px
            内容高度：还是height: 200px
```

```
        盒子总宽度：420=300+10+10+20+20+30+30
        盒子总高度：320=200+10+10+20+20+30+30 */
    }
    .div2{
        /* 声明一个IE盒子模型 */
        box-sizing: border-box;
        /* 内容宽度：width(300)-(10+10+20+20)=240
        内容高度：height(200)-(10+10+20+20)=140
        盒子总宽度：360=240+10+10+20+20+30+30
        盒子总高度：260=140+10+10+20+20+30+30 */
    }
    </style>
</head>
<body>
    <div class="div1">
        <p>我是标准盒子模型</p>
    </div>
    <div class="div2">
        <p>我是IE盒子模型</p>
    </div>
</body>
```

9.8 习题

扫描二维码，查看习题。

9.9 练习

制作社会主义核心价值观效果，如图9-6所示，要求：

（1）设置body元素背景为浅灰色，大盒子包含标题和内容，宽度为255px，其背景为白色。

（2）为标题设置<div>标签，根据效果图设置合适的字体。

（3）具体内容用<ul>无序列表实现，里面包含<a>标签（用于设置超链接）、<li>标签（用于设置边框、行高等）。<a>标签根据效果进行设置。

（4）"国家层面"、"社会层面"、"个人层面"用span包含并单独设置样式。

社会主义核心价值观
国家层面：富强、民主、文明、和谐
社会层面：自由、平等、公正、法治
个人层面：爱国、敬业、诚信、友善

图9-6 练习图

第10章 网页布局

◇ 理解DIV+CSS布局的基本概念
◇ 掌握CSS中的浮动与清除浮动用法
◇ 掌握CSS中的定位用法
◇ 掌握弹性布局的方法

思维导图

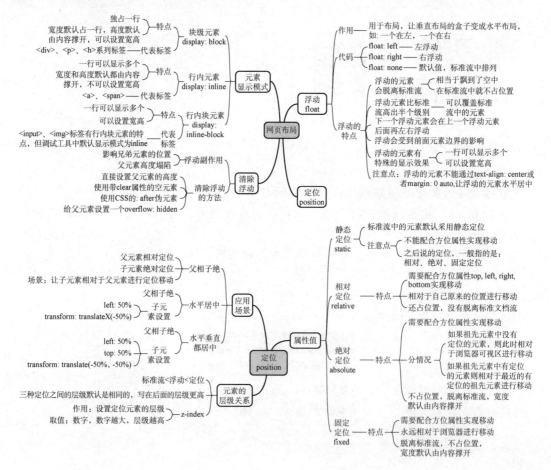

　　在前面章节中我们知道网页中所有的元素都可以看作是盒子，那么网页布局研究的就是如何摆放各种盒子也就是元素的位置，使页面变得合理美观。网页的布局方式其实就是指浏览器如何对网页中的元素进行排版，合理的布局可以使网页内容更加清晰、易于阅读，从而提高用户体验和页面访问量。

　　网页的默认排版方式是标准流（也叫文档流、普通流），标准流处在网页的底层，它表示的是一个页面中的位置，我们所创建的元素默认都处在标准流中。标准流中的元素根据块元素或行内元素的特性按从上到下，从左到右的方式自然排列。

10.1　元素的分类

标准流

　　在标准流中，CSS 对所有的元素按照其显示模式进行了分类，分别为块级元素（block）、行内元素（inline），以及行内块元素（inline-block）。

　　标准流的布局方式是默认的布局方案，所有的元素都会根据标准流，被分为以上三种方式，当然可以根据 display 属性对其显示方式进行控制。设置隐藏元素的显示，可以把块级元素的 display 属性设置为 inline 或 inline-block，使其变为行内元素或行内块元素；也可以把行内块级元素的 display 属性设置为 block，让它变为块级元素，三者之间可以做任意的转换。display 的 4 个属性值如表 10-1 所示。

表 10-1　dislplay 的 4 个属性值

值	说明
block	块级元素的默认值，元素会被显示为块级元素，该元素前后会带有换行符
inline	内联元素的默认值，元素会被显示为内联元素，该元素前后没有换行符
inline-block	行内块元素，元素既具有内联元素的特性，也具有块元素的特性
none	设置元素不会被显示

1. 块级元素

　　典型的块级元素有 div、p、h1~h6、ul、ol、table、form 等，也可以将任意非块级元素的 display 属性值设为 block，将其变为块级元素。

　　块级元素的特点介绍如下：

　　（1）块级元素会独占一行，默认情况下，块级元素的右侧不会出现其他元素。

　　（2）块级元素的宽度如果不做设置，则和父级元素的宽度相同。

　　（3）块级元素的高度如果不做设置，则会根据内容的高度自动确定。

　　（4）块级元素可以设置宽度、高度、padding、margin、border 等盒子模型中的属性。

2. 行内元素

　　典型的行内元素有 span、i、strong、a 等，也可以将任意的非块级元素的 display 属性值设置为 inlinc，将其变为行内元素。

　　行内元素的特点介绍如下：

　　（1）行内元素可以和其他的行内元素或行内块元素在一行显示。

　　（2）行内元素的宽度和高度无法设置，其大小和内容相关。

一个典型的场景是可以将超链接的display属性设置为block，使超链接的宽高可以设置。

3. 行内块元素

典型的行内块元素有img、input，也可以将任意的非行内块元素的display属性值设置为inline-block，将其变为行内块元素。

行内块元素的特点介绍如下：

（1）行内块元素可以和其他的行内元素或行内块元素在一行显示。

（2）行内块元素的宽度和高度可以设置，其默认大小和内容相关。

一个典型的场景就是可以将<div>标签的display属性设置为inline-block，使多个<div>标签可以在一行并排显示。

10.2 浮动

如果仅仅按照默认的标准流方式进行布局，则网页将会显得单调、混乱，如果希望块元素在页面中水平排列，可以使块元素脱离标准流，使用float属性来使元素浮动，从而脱离标准流。浮动后其最明显的变化为块级元素会表现出行内元素的部分特性，如多个块级元素可以在一行显示，行列元素会表现出行内元素的部分特性，如行内元素浮动后可以设置宽度和高度。

flaot属性有如下可选值：

● none，默认值，元素默认在标准流中排列。

● left，元素会立即脱离标准流，向页面的左侧浮动。

● right，元素会立即脱离标准流，向页面的右侧浮动。

浮动是一种"半脱离标准流"的排版方式。浮动只有一种排版方式，就是水平排版，它只能设置某个元素左对齐或者右对齐，并且浮动中没有居中对齐，也不可以使用margin: 0 auto。

浮动的元素会尽可能地向左或向右移动，直到遇到另一个浮动的元素，或者遇到父级元素的边缘。注意不论如何浮动，元素均不会超出其父级元素的边界。

当把一个元素设置为浮动 float:left/right 的时候，该元素（之后就简称浮动元素）就会立即脱离标准流，脱离标准流就意味着它会向上浮（可以理解为飘着），如程序清单10-1所示，三个盒子默认是标准流，box1和box2设置了左浮动，box3设置了右浮动之后，效果对比如图10-1所示。

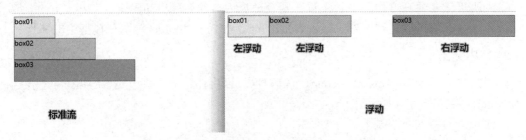

图10-1 标准流与浮动效果对比

程序清单 10-1

```html
<!doctype html>
<html>
    <head>
        <meta charset="utf-8">
        <title>元素的浮动</title>
        <style type="text/css">
            .box01 {
                width: 100px;
                height: 50px;
                background: #FF9;
                border: 1px solid #F33;
                float: left;
            }

            .box02 {
                width: 200px;
                height: 50px;
                background: #6FF;
                border: 1px solid #F33;
                float: left;
            }

            .box03 {
                width: 300px;
                height: 50px;
                background: #0FC;
                border: 1px solid #F33;
                float: right;
            }
        </style>
    </head>
    <body>
        <div class="box01">box01</div>
        <div class="box02">box02</div>
        <div class="box03">box03</div>
        </div>
    </body>
</html>
```

　　如果原本在它之后有相邻的元素，那么这相邻的元素就会移动到浮动元素的下面（浮动元素浮动在上面），所以浮动元素就挡住了移动到它下边的元素。例如，在上例中，把box3的浮动注释掉，会发现box1把box3挡住了，但此处不会挡住没有浮动元素中的文字，效果如图10-2所示。

图10-2 浮动效果

注意:

（1）在浮动流中是不区分块级元素/行内元素/行内块元素的,块级元素/行内元素/行内块元素都是按水平排版的。

（2）在浮动流中无论是块级元素/行内元素/行内块元素都可以设置宽高,默认宽高都由内容撑开。

10.3 清除浮动

清除浮动

1. 浮动的缺陷

虽然浮动可以便于页面布局,但它同时会产生一些问题,由于浮动元素不再占用原标准流中的位置,所以会对页面中其他元素的排版产生影响,也就是我们常说的"副作用"。而一个元素设置了浮动（即float值为left、right）的常见缺陷是影响兄弟元素的位置和父元素产生高度塌陷。

（1）影响兄弟元素的位置。

一个元素设置了浮动后,会影响它的兄弟元素,这里还要看它的兄弟元素是块级元素还是内联元素,若是块级元素则会无视这个浮动的边框,使自身尽可能与这个浮动元素处于同一行,导致被浮动元素覆盖。如图10-3所示,第一个div元素并没有设置颜色,但实际却为蓝色背景,这是因为元素浮动后,它的块级元素会无视它的位置,仍然占据整一行,而div元素的内容则会自动调整。

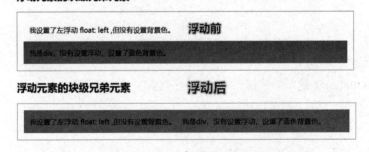

图10-3 浮动元素的块级兄弟元素

若是内联元素,则会尽可能围绕浮动元素。这里同时看出两个问题:一是内联元素会围绕在设置了浮动的元素周围,而不会像块级兄弟元素那样占据一整行;二是由于浮动的元素是脱离文档流的,因此父元素只会以没有浮动的span的高度为基础撑开自己,这就会造成父元素"塌陷"了,如图10-4所示。

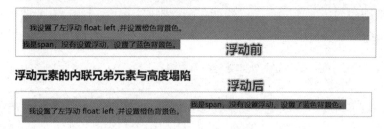

图10-4 浮动元素的内联兄弟元素

（2）父元素产生高度塌陷。

一个容器，其中有两个子元素，一个子元素向左浮动，一个子元素向右浮动，此时父元素的高度塌陷了，代码如程序清单10-2所示。

程序清单 10-2

```
<!DOCTYPE html>
<html>
    <head>
        <meta charset="utf-8">
        <title></title>
        <style>
            .wrapper {border: 1px solid #444;}
            .wrapper div {width: 80px;height: 60px;
                    border: 1px dashed #444;}
            .left {float: left;}
            .right {float: right;}
        </style>
    </head>
    <body>
        <div class="wrapper">
            <div class="left">box1</div>
            <div class="right">box2</div>
        </div>
    </body>
</html>
```

上述容器wrapper的高度设为auto，且只包含浮动元素。由于浮动元素脱离了标准流，因此，容器wrapper就相当于一个空标签，其高度就会塌陷为零，使得浮动元素溢出到容器外面，如图10-5所示。

图10-5 父元素产生高度塌陷

这种塌陷会影响甚至破坏布局，如果父元素没有边框，也不包含任何可见背景，这个问题就很难被注意到，但它却是一个很重要的问题。

很显然，无论是高度塌陷，还是影响兄弟元素的位置，都不是使用浮动的目的。浮动只是为了改变元素的布局，却造成了不必要的影响。因此，需要清除浮动带来的影响。

2. 清除浮动

如果要避免这种影响，就需要对元素清除浮动。CSS中，对该影响所进行的处理，叫作清除浮动。

CSS中的clear属性，用来规定在元素的哪一侧不允许出现浮动元素，可选值有 none | left | right | both，默认值为 none，表示不清除，左右两侧均允许出现浮动元素。left 表示清除左侧，在左侧不允许出现浮动元素；right 表示清除右侧，在右侧不允许出现浮动元素；both 表示清除两侧，左右两侧均不允许出现浮动元素。

（1）直接让父元素固定宽高。

将父元素的高度固定以避免塌陷的问题出现，但一旦高度固定，父元素的高度将不能自动适应子元素的高度，不推荐使用。

（2）使用带clear属性的空元素。

这也是W3C推荐使用的方法，首先在CSS中定义一个清理的class 属性，然后在浮动元素的后面，使用一个空元素 <div class = "clear"></div> 或 <p class = "clear" ></p>，如程序清单10-3所示。

程序清单 10-3

```css
.clear {
   clear: both;
}
<div class="wrapper">
   <div class="left">box1</div>
   <div class="right">box2</div>
   <div class = "clear" ></div>
</div>
```

实现的原理是由于这个div并没有浮动，所以它是可以撑开父元素的高度的，然后再对其进行清除浮动，这样可以通过这个空白的div来撑开父元素的高度，基本没有副作用。这种方法的优点是简单、代码少、浏览器兼容性好。但是，需要添加无语义的HTML元素，从而违背了表现和内容相分离的原则，代码不够优雅，增加了后期维护的难度。

（3）使用CSS的 : after伪元素。

给包含浮动元素的容器添加一个clearfix 的class 属性，然后给这个class 添加一个: after伪元素，在元素末尾添加一个看不见的块级元素，让这个块级元素来清除浮动，这样做和添加一个空div 的原理一样，可以达到相同的效果，而且不会在页面中添加多余的div，如程序清单10-4所示。

程序清单 10-4

```css
.clearfix::after {
   content: ".";
   clear: both;
   display: block;
   height: 0;
   visibility: hidden;
```

```
}
<div class="wrapper clearfix">
    <div class="left">box1</div>
    <div class="right">box2</div>
</div>
```

通过 CSS 伪元素，在容器的末尾，插入一个点 "."，设置为块级元素，然后通过 height 和 visbility 属性使其不可见，再为插入的点设置 clear 属性来清除浮动，其原理跟上述两种方法类似。

事实上，上述方法插入任何内容，都可以清除浮动。当然，如果插入一个空格的话，就不必设置 height 和 visbility 属性，代码会更简洁，如程序清单 10-5 所示。

程序清单 10-5

```
.clearfix::after{
    content:"";  /*添加一个空内容*/
    display:block;  /*转换为一个块元素*/
    clear:both  /*清除两侧的浮动*/
}
```

（4）添加 overflow:hidden。

给被浮动影响到的元素，也就是父元素添加 "overflow: hidden;"，这种方法简单，代码少，浏览器支持好，但必须定义 width 或 zoom:1（含有浮动子元素的元素），不能和 position 配合使用，因为超出的尺寸会被隐藏。这个方法相对前者更加方便，也更加符合语义要求，只是 overflow 并不是为了闭合浮动而设计的，因此当元素内包含会超出父元素边界的子元素时，可能会覆盖掉有用的子元素，或是产生了多余的滚动条。

10.4　定位

浮动布局虽然灵活，但是无法对元素的位置进行精确控制。在 CSS 中，通过定位属性可以实现网页中元素的精确定位。position 属性用于对元素进行精确定位，其属性值可以是 static | relative | absolute | fixed，默认值为 static，也就是静态定位。

如果希望使用定位对元素进行布局，则必须将 position 属性设置为除 static 之外的其他 3 个任意属性值，即相对定位、绝对定位、固定定位。

元素具备了定位属性之后，可以使用顶部 top、底部 bottom、左侧 left 和右侧 right 属性定位（static 除外），接下来分别对这四种定位和边偏移进行逐一介绍。

10.4.1　静态定位

静态定位（static）是元素定位的默认值。一般的标签元素不加任何定位属性都属于静态定位。静态定位的元素不会受到任何定位属性的影响，它们总是按照常规的标准流进行排列。当没有定义 position 属性时，并不说明该元素没有自己的位置，它会遵循默认值显示为静态位置。

静态定位的元素不能使用 top、bottom、left、right 等属性进行定位。一般静态位置用来清除元素的定位，一个有定位的盒子不想再有定位了，则加上 "position:static;" 就可以了。

10.4.2 相对定位

相对定位

如果将 position 属性值设置为 relative，则该定位就是相对定位。使用相对定位的元素依然在标准流当中，不会使其显示模式（display）发生变化，而且相对定位的元素是相对于其正常位置进行定位的，但是可以利用定位提供的 4 个方位属性（边偏移），对其进行位置的移动，边偏移有 4 个方位属性，分别为 left、right、top、bottom，这些属性可以用来精确控制元素在定位上下文中的位置。

left 表示相对于原本位置的左侧需要右移的距离，right 表示相对于原本位置的右侧需要左移的距离，top 和 bottom 依次类推。left、right、top、bottom 这 4 个属性的值，可以是长度值单位，如像素，也可以使用百分比。使用百分比时，水平偏移量根据其父级元素的宽度而定，垂直偏移量根据其父级元素的高度而定。

如果对一个元素设置了相对定位，并设置 left:20px 和 top:20px，那么这个元素会相对于其正常位置向下移动 20px，向右移动 20px，同时保留其在文档流中的原始空间，其他元素会像忽略这个元素移动一样排列，所以可能会覆盖它或在其旁边留下空白，代码如程序清单 10-6 所示，效果如图 10-6 所示。

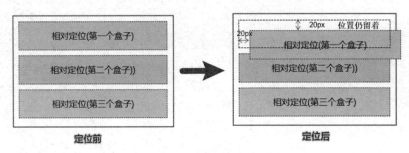

图 10-6 相对定位效果

程序清单 10-6

```
<!DOCTYPE html>
<html lang="en">
<head>
    <meta charset="UTF-8">
    <title>relative练习</title>
    <style type="text/css">
        div{margin:10px;}
        .father {width:300px;height:200px;border:2px #666 solid;}
        .box1,.box2,.box3{
            height:50px;border:1px #0000A8 dashed;
            text-align: center;line-height: 50px;}
            .box1 {background-color:#FC9;
            position:relative;top:20px;left: 20px;}
            .box2 {background-color:#CCF;}
            .box3 {background-color:#C5DECC;}
    </style>
</head>
<body>
```

```
<div class="father">
    <div class="box1">相对定位(第一个盒子)</div>
    <div class="box2">相对定位(第二个盒子))</div>
    <div class="box3">相对定位(第三个盒子)</div>
</div>
</body>
</html>
```

10.4.3　绝对定位

　　如果将position属性值设置为absolute ，则会给元素设置绝对定位。使用绝对定位的元素会脱离标准流，不再占用原来的空间，其他元素会像它不存在一样排列。同时设置了绝对定位的元素其显示模式（display）发生变化，块级元素不会再独自占据一行，行内元素则可以设置宽高。

　　定位之后可以利用定位提供的 4 个方位属性（边偏移），对其进行位置的移动，边偏移有 4 个方位属性，分别为 left、right 、top、bottom。

　　采用绝对定位时，边偏移设置不再相对于以前的位置进行移动，如果当前设置了绝对定位的元素往上追溯，其所有的父级元素都没有使用相对定位，则 4 个方位属性会相对页面进行移动，如果其父级元素设置了相对定位，则会相对于其最近的设置相对定位的父级元素进行移动。如果设置了绝对定位，而没有设置偏移属性，那么它会继续保持在原来的位置。这个特性可以使某个元素脱离标准流，但仍保持在原来的位置中。

　　在实际开发中绝对定位与相对定位结合使用，可按"父相子绝"口诀设置。父盒子采用相对定位，占有位置不脱离标准流，子盒子采用绝对定位，不占有位置脱离标准流，可以放到父盒子里面的任何一个地方，不会影响其他的兄弟盒子。所以相对定位经常用来作为绝对定位的父级。

　　如果对一个元素设置了绝对定位，并设置right:20px和top: 20px，且给这个元素的父元素设置了相对定位，那么这个元素会相对于父元素的顶部位置向下移动20px，右边位置向左移动20px，不再占用原来的位置，其他元素会顶替这个元素的位置，代码如程序清单10-7所示，效果如图10-7所示。

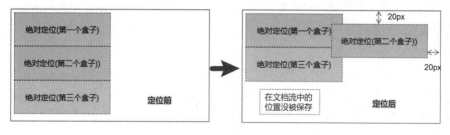

图10-7　绝对定位效果

程序清单 10-7

```
<!doctype html>
<html lang="en">
<head>
    <meta charset="UTF-8">
```

```
<title>绝对定位</title>
<style type="text/css">
    .father {
        width: 300px;height: 160px;
        border: 1px #666 solid;
        margin: 10px;
        position: relative;
        padding: 5px;
    }
    .box1,.box2,.box3{
        width: 150px;height: 50px;
        border: 1px #B55A00 dashed;
        font-size: 12px;
        text-align: center;
        line-height: 50px;
    }
    .box1 { background-color: #FC9; }
    .box2 {
        background-color: #CCF;
        position: absolute;
        right: 20px; top: 20px;
    }
    .box3 {background-color: #C5DECC; }
</style>
</head>
<body>
<div class="father">
    <div class="box1">绝对定位(第一个盒子)</div>
    <div class="box2">绝对定位(第二个盒子))</div>
    <div class="box3">绝对定位(第三个盒子)</div>
</div>
</body>
</html>
```

10.4.4 固定定位

固定定位（fixed）是一种特殊的定位方式，其行为与绝对定位相似，但有一个关键的区别：采用固定定位的元素是相对于整个浏览器窗口进行定位的，而不是相对于页面或父级元素。这意味着，即使页面滚动或浏览器窗口大小发生变化，固定定位的元素都会停留在相同的位置。

由于采用固定定位的元素不随页面滚动而移动，它们常常被用于需要始终显示在页面上的元素，如导航栏、返回顶部按钮等。这些元素即使在用户滚动页面查看内容时，也会保持在视窗的相同位置，从而提供了持续的用户体验。

与绝对定位一样，采用固定定位的元素会脱离文档流，不再占用原来的空间。这意味着它们不会影响其他元素的布局，其他元素也会像它们不存在一样排列。这也意味着，采用固定定位的元素可能会覆盖页面上的其他内容。

在 CSS 中，要设置元素的定位为固定定位，只需将元素的 position 属性设置为 fixed，然后使用 top、right、bottom 和 left 属性来定义元素相对于浏览器窗口的位置，如程序清单 10-8 所示。

程序清单 10-8

```
.box {
    position: fixed;
    top: 20px;
    right: 0;
}
```

在这个例子中，.box 会固定在浏览器窗口的右上角，距离顶部 20 像素的位置，并且即使页面滚动，它的位置也不会改变。

总的来说，固定定位是一种强大的布局工具，允许开发者创建始终可见且位置固定的元素，这些元素不受页面滚动的影响，并提供了出色的用户体验。

10.4.5　z-index 层叠等级

z-index 用于控制 HTML 元素在垂直方向上的层叠顺序，即哪个元素应该在前面，哪个元素应该在后面。它决定了元素在堆叠上下文中的层叠等级。

z-index 只对定义了 position 属性的元素有效，且该属性值需要是非 static 静态定位的。如果一个元素的 position 属性值为 static，那么 z-index 属性将无效。此外，z-index 的默认值是 auto，表示浏览器会自动进行排序。

元素的层叠顺序是由其层叠上下文和层叠等级共同决定的。层叠上下文是 HTML 元素在 z 轴上的一个三维构想，它是 HTML 层级的一个子级。在层叠上下文中，元素的层叠等级是由其 z-index 值决定的。具有更高 z-index 值的元素会覆盖具有较低 z-index 值的元素。

需要注意的是，z-index 属性接受整数和关键字作为值，常用的关键字包括 auto、inherit 和 initial。此外，如果两个元素的层级不同，即使一个元素的 z-index 值很大，它也可能位于另一个元素的下方。这可能是因为父元素的 z-index 值较低，或者存在 overflow:hidden 属性等的缘故。

因此，在使用 z-index 属性时，需要仔细考虑元素的定位、层叠上下文和层叠等级等因素，以确保元素按照预期的顺序进行堆叠。

10.5　弹性布局

采用浮动+定位的方式，对于特殊的页面布局非常不方便，比如垂直居中就不容易实现。2009 年，W3C 提出了一种新的方案——Flex 弹性布局。

弹性布局

10.5.1　什么是弹性布局

Flex 是 Flexible Box 的缩写，意为"弹性布局"或者"弹性盒子"，是 CSS3 中的一种新的布局模式，可以简便、完整、响应式地实现各种页面布局，当页面需要适应不同的屏幕大小以及设备类型时非常适用。目前，几乎所有的浏览器都支持Flex布局。

注意：弹性布局就是加在父盒子上的，然后让子元素应用弹性布局，任何一个容器均可以指定为Flex布局。

采用Flex布局的元素，称为Flex容器（flex container），又叫弹性容器，简称"容器"。它的所有子元素自动成为容器成员，称为Flex项目（flex item），又叫弹性项目，简称"项目"。

容器默认有两根轴，分别为水平主轴（main axis）和垂直交叉轴（crossaxis），主轴起点为mainstart，主轴终点为mainend，交叉轴起点为crossstart，交叉轴终点为crossend。项目默认沿主轴排列，单个项目的主轴尺寸叫作mainsize，交叉轴尺寸叫作crosssize，如图10-8所示。

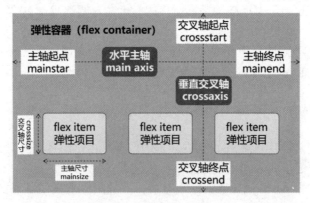

图10-8　Flex弹性布局

注意：将元素的display属性设置为flex（生成块级Flex容器）或inline-flex（生成类似inline-block的行内块级Flex容器）后，即为元素设置了Flex布局，其子元素的float、clear和vertical-align等属性将失效。

10.5.2　容器属性

弹性布局的主要思想是让容器有能力改变项目的宽度和高度，以填满可用空间。通过使用不同的属性，可以实现各种灵活的布局效果，例如，项目的对齐、分布、顺序等。

按照作用范围不同，CSS中将弹性布局的属性分为容器属性（flex-direction、flex-wrap、flex-flow、justify-content、align-items、align-content）和项目属性（order、align-self、flex、flex-grow、flex-shrink、flex-basis）两类。

容器属性顾名思义就是设置在容器身上的属性，如表10-2所示。

表10-2　容器属性

属性	描述
flex-direction	指定弹性盒子中子元素的排列方式
flex-wrap	设置当弹性盒子的子元素超出父容器时是否换行
flex-flow	flex-direction和flex-wrap两个属性的简写
justify-content	设置弹性盒子中元素在主轴（横轴）方向上的对齐方式
align-items	设置弹性盒子中元素在侧轴（纵轴）方向上的对齐方式
align-content	修改flex-wrap属性的行为，类似align-items，但不是设置子元素对齐，而是设置行对齐

下面以程序清单10-9所示代码为例演示容器属性和项目属性。

程序清单 10-9

```
<!DOCTYPE html>
<html>
    <head>
        <meta charset="UTF-8">
        <title>弹性布局</title>
    </head>
    <style type="text/css">
        .container{
            height: 300px;border: 3px solid #6bcbe3;
            background-color: #cbecf1;padding: 5px;
            display: flex;
            /* 请在此处输入容器属性 */
        }
        .container div{
            width: 40px;height: 40px;line-height: 40px;
            background-color: #4cc1e0;color:white;
            border: 3px solid #87d5e7;
            margin: 10px;text-align: center;
            /* 请在此处输入项目属性 */
        }
            .container div:nth-child(2){
            /* 请在此处输入项目属性，单独给第2个项目设置 */
            }
        .container div:nth-child(4){
            /* 请在此处输入项目属性，单独给第4个项目设置 */
        }
    </style>
<body>
    <div class="container">
        <div class="item1">1</div>
        <div class="item2">2</div>
        <div class="item3">3</div>
        <div class="item4">4</div>
        <div class="item5">5</div>
        /* 根据实际情况增加项目数量 */
    </div>
</body>
</html>
```

1. flex-direction

flex-direction属性决定主轴的方向（即项目的排列方向），主要有4个属性值，各属性值效果如图10-9所示。

语法结构：flex-direction: row | row-reverse | column | column-reverse。

row（默认值）：主轴为水平方向，起点在左端。

- row-reverse：主轴为水平方向，起点在右端。
- column：主轴为垂直方向，起点在上沿。
- column-reverse：主轴为垂直方向，起点在下沿。

举例：.container{flex-direction:row;}

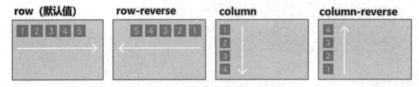

图10-9　flex-direction各属性值效果

2. flex-wrap

flex-wrap属性用于设置当项目在容器中无法显示在同一行（子项目多行）时是否换行。默认情况下，项目都排在一条轴线上，主要有3个属性值，各属性值效果如图10-10所示。

语法结构：flex-wrap: nowrap | wrap | wrap-reverse;

- nowrap（默认）：不换行，这种情况下子元素会缩小自己的尺寸来使所有元素在一行中显示。
- wrap：换行，第一行在上方。
- wrap-reverse：换行，第一行在下方。

举例：.container{flex-wrap: nowrap;}

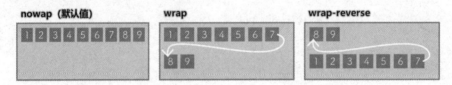

图10-10　flex-wrap各属性值效果

3. flex-flow

flex-flow属性是flex-direction属性和flex-wrap属性的简写形式，默认值为row nowrap。

语法结构：flex-flow: flex-direction flex-wrap;

4. justify-content

justify-content属性用于定义项目在主轴（水平）上的对齐方式，主要有5个属性值，各属性值效果如图10-11所示。

语法结构：justify-content: flex-start | flex-end | center | space-between | space-around。

具体对齐方式与轴的方向有关，假设主轴为从左到右。

- flex-start（默认值）：左对齐。
- flex-end：右对齐。
- center：居中。
- space-between：两端对齐，项目之间的间隔都相等。
- space-around：每个项目两侧的间隔相等。这种情况下项目之间的间隔比项目与边框的间隔大一倍。

举例：.container{justify-content: space-around;}

图 10-11　justify-content 属性效果

注意：justify-content:flex-end 和 flex-direction:row-reverse 是有区别的。

5. align-items

align-items 属性用于定义项目在交叉轴（垂直）上的对齐方式，主要有 5 个属性值，各属性值效果如图 10-12 所示。

语法结构：align-items: flex-start | flex-end | center | baseline | stretch;

具体的对齐方式与交叉轴的方向有关，假设交叉轴从上到下。

- flex-start：交叉轴的起点对齐。
- flex-end：交叉轴的终点对齐。
- center：交叉轴的中点对齐。
- baseline：项目的第一行文字的基线对齐。
- stretch（默认值）：如果项目未设置高度或设为 auto，将占满整个容器的高度。

举例：.container{align-items:baseline;}

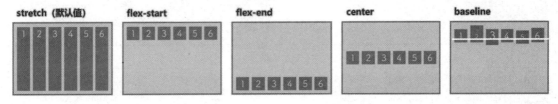

图 10-12　align-items 各属性值效果

6. align-content

align-content 属性定义了多根轴线（多行）的对齐方式，如果项目只有一根轴线（单行），该属性不起作用，主要有 6 个属性值，各属性值效果如图 10-13 所示。

语法结构：align-content: flex-start | flex-end | center | space-between | space-around | stretch;

- flex-start：项目在容器的顶部排列。
- flex-end：项目在容器的底部排列。
- center：项目在容器内居中排列。
- space-between：多行项目均匀分布在容器中，其中第一行分布在容器的顶部，最后一行分布在容器的底部。
- space-around：多行项目之间的间隔平均分布，每行的间距（包括离容器边缘的间距）都相等。
- stretch（默认值）：将项目拉伸以占满整个交叉轴。

注意：align-content 的属性值和 justify-content 一样，但需要注意在使用 align-content 属性之前一定要加上"flex-wrap: wrap;"属性。

举例：.container{align-content:flex-start;}

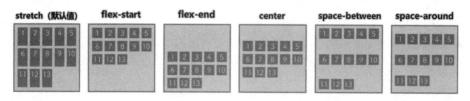

图10-13　flex-direction各属性值效果

在开发项目当中最常用的就是程序清单10-10中所示的属性，定义了盒子的整体布局。

程序清单 10-10

```
.container {
    /* 使用弹性布局 */
    display: flex;
    /* 使项目在主轴上中心对齐 */
    justify-content: center;
    /* 使项目在交叉轴上中心对齐 */
    align-items: center;
}
```

10.5.3　项目属性

项目属性就是写在项目身上用来设置项目的，如表10-3所示。

表10-3　项目属性

属性	描述
order	设置容器中项目的排列顺序，数值越小，排列越靠前，默认为0
flex-grow	定义容器中项目的放大比例，默认为0
flex-shrink	定义容器中项目的缩小比例，默认为1
flex-basis	该属性定义了在分配多余空间之前，项目占据的主轴空间（main size），它的默认值为auto
flex	flex-grow，flex-shrink，flex-basis三个属性的简写 默认值为0 1 auto，后两个属性可选
align-self	使用在容器中的项目上，允许单个项目有与其他项目不一样的对齐方式，默认值为auto，用来覆盖容器的align-items属性

1. order

order属性用于设置容器中项目的排列顺序，数值越小，项目排列越靠前，默认为0，如图10-14所示。

语法结构：order: integer;

第1个项目的order设置为1，显示在最后，第4个项目的order设置为-1，显示在最前面，其他几个的order是默认值0，没有变位置。

图10-14　order属性效果

2. flex-grow

flex-grow属性用于定义项目的放大比例,默认为0,即如果存在剩余空间,则项目也不放大。

语法结构:flex-grow: number;

当其中的一个项目设置flex-grow为1时,它将占据剩余空间的100%,其他项目则只占据原来设置的大小。

如果所有项目的flex-grow属性都为1,则它们将等分剩余空间。

如果一个项目的flex-grow属性为2,其他项目都为1,则前者占据的剩余空间将比其他项多一倍,如图10-15所示。

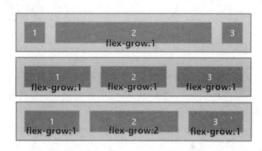

图10-15 flex-grow属性效果

3. flex-shrink

flex-shrink属性用于定义项目的缩小比例,默认为1,即如果空间不足,则该项目将缩小。

语法结构:flex-shrink: number;

如果一个项目的flex-shrink属性为0,其他项目都为1,则空间不足时,前者不缩小。

如果一个项目的flex-shrink属性为2,其他项目都为1,则空间不足时,前者缩小,其他项目不变。

如果所有项目的flex-shrink属性都为1,当空间不足时,所有项目都将等比例缩小,如图10-16所示。

注意:该属性值为负值时,属性无效。

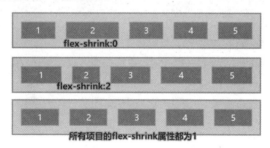

图10-16 flex-shrink属性效果

4. flex-basis

flex-basis属性用于定义在分配多余空间之前,项目占据的主轴空间(main size)。浏览器根据这个属性的值(单位px、%、em等),计算主轴是否有多余空间,它的默认值为auto,即项目的本来大小。

简单来说，当设置了 flex-basis 以后，就设定了项目的尺寸。

语法结构：flex-basis: length;

注意：width 与 flex-basis 的区别是，flex-basis 的优先级更高。如果设置的 flex-basis 的值不是 auto，那么 width 设置任何值都无效，以 flex-basis 的值为准。只有当 flex-basis 的值为 auto 的时候，该项目的尺寸才会是 width 设定的值。如果 flex-basis 和 width 都为 auto，那么最后的空间就是根据内容多少来定的，内容多占据的水平空间就多。如图 10-17 所示，项目的 width 设置为 100px，默认所有的项目宽度都是 100px，当第四个项目设置为 flex-basis:200px 时，它的宽度就占据 200px 了。

图 10-17   flex-basis 属性效果

5. flex

flex 属性是 flex-grow，flex-shrink 和 flex-basis 的简写，默认值为 0 1 auto，后两个属性可选，如图 10-18 所示。

语法结构：flex: flex-grow flex-shrink flex-basis，此处要注意书写顺序。

- flex-grow：（必填参数）一个数字，定义项目的放大比例，默认值为 0。
- flex-shrink：（选填参数）一个数字，定义了项目的缩小比例，默认值为 1。
- flex-basis：（选填参数）项目的宽度，即项目占据的主轴空间（main size），合法值为 auto（默认值，表示自动）或者以具体的值加 "%"、"px"、"em" 等单位的形式。

注意：flex 属性有两个快捷值，即 auto（等同于 1 1 auto）和 none（等同于 0 0 auto）。

建议优先使用 flex 这个属性，而不是单独写三个分离的属性，因为浏览器会推算相关值。

注意：如果 flex 取值为一个非负数字，则该数字为 flex-grow 值，而 flex-shrink 取 1，flex-basis 取 0% 也就是说 flex:1 是 flex:1 1 0% 的简写。

如果 flex 取值为一个长度或者是一个百分比，则视为 flex-basis 值，而 flex-grow、flex-shrink 取 1，即 flex:100px 等同于 flex:1 1 100px。

图 10-18   flex 属性效果

一般情况下 flex 属性用于将项目平均占满空间，如程序清单 10-11 所示。

程序清单 10-11

```
.box div {
    /* 使所有项目平均占满空间 */
    flex: 1;
}
```

6. align-self

align-self 属性用于设定单个项目的对齐方式，可覆盖 align-items 属性，默认值为 auto，表示继承父元素的 align-items 属性，如果没有父元素，则等同于 stretch（默认），如图 10-19 所示。

语法结构：align-self: auto | flex-start | flex-end | center | baseline | stretch;

该属性除了auto，其他都与align-items属性完全一致。

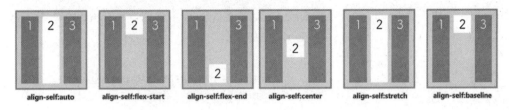

图10-19　align-self属性效果

10.6　案例——中国非物质文化遗产网

请根据效果图（见图10-20）制作中国非物质文化遗产网，要求用弹性布局实现整个页面的布局，结合CSS样式进行美化，完成网页。

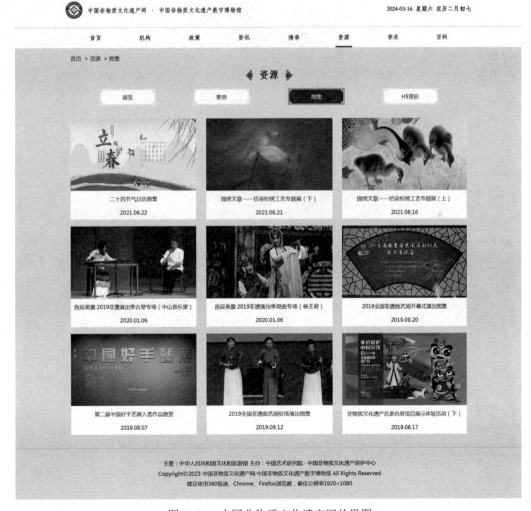

图10-20　中国非物质文化遗产网效果图

1．页面布局

（1）整个页面分为四部分，即头部（header）、导航（nav）、主体内容（section）、脚部（footer）。

（2）头部两块内容，左边显示为logo和网站名称，右边显示为时间。

（3）导航用无序列表<ul>实现。

（2）主体内容包括4行，都用div实现，第一行div包括<a>标签，有超链接；第二行文字左右有图片，用定位实现；第三行用<a>标签包含div实现，为每个<a>标签设置背景；第四行包含图片和两个p段落。

（5）脚部用footer包含p实现。

布局参考代码如程序清单10-12所示。

程序清单 10-12

```html
<body>
    <header>
        <div class="header">
            <div class="logo">
                <a href="#"><img src="img/logo.png" alt="" /></a>
                <a href="#" class="txt">中国非物质文化遗产网   •  
中国非物质文化遗产数字博物馆</a>
            </div>
            <div class="headright">    2024-03-16  星期六  农
历二月初七</div>
        </div>
    </header>
    <nav class="w">
        <ul>
            <li><a href="#">首页</a></li>
            <li><a href="#">机构</a></li>
            ············
        </ul>
    </nav>
    <section>
        <div class="w">
        <div class="s_mod">
            <a href="#">首页</a>  &gt;
            <a href="#">资源</a>  &gt;
            <a href="#">图集</a>
        </div>
        <div class="t_title">
            <div class="img"><img src="img/png-left.png" alt=""></div>
            <span>资源</span>
            <div class="img"><img src="img/png7-right.png" alt="" /></div>
        </div>
        <div class="tab_box">
```

```
    <a href="#"><div>展览</div></a>
    <a href="#"><div>影音</div></a>
    <a href="#"><div>图集</div></a>
    <a href="#"><div>H5赏析</div></a>
</div>
<div class="tab_item">
    <a href="#"><div class="item_img">
        <img src="img/1.jpg" alt="">
        <p>二十四节气日历图集</p><p>2021.06.22</p>
    </div>    </a>
    <a href="#"><div class="item_img">
        <img src="img/2.jpg" alt="">
        <p>锦绣文章——纺染织绣工艺专题展（下）</p>
        <p>2021.06.21</p>
    </div></a>
    <a href="#"><div class="item_img">
        <img src="img/3.jpg" alt="">
        <p>锦绣文章——纺染织绣工艺专题展（上）</p>
        <p>2021.06.16</p>
    </div></a>
    <a href="#"><div class="item_img">
        <img src="img/4.jpg" alt="">
        <p>良辰美景·2019非遗演出季古琴专场（中山音乐堂）
</p><p>2020.01.06</p>
    </div></a>
    <a href="#"><div class="item_img">
        <img src="img/5.jpg" alt="">
        <p>良辰美景·2019非遗演出季昆曲专场（恭王府）</p>
        <p>2020.01.06</p>
    </div></a>
    <a href="#"><div class="item_img">
        <img src="img/6.jpg" alt="">
        <p>2019全国非遗曲艺周开幕式演出图集</p>
        <p>2019.09.20</p>
    </div></a>
    <a href="#"><div class="item_img">
        <img src="img/7.jpg" alt="">
        <p>第二届中国好手艺展入选作品图赏</p>
        <p>2019.08.07</p>
    </div></a>
    <a href="#"><div class="item_img">
        <img src="img/8.jpg" alt="">
        <p>2019全国非遗曲艺周驻场演出图集</p>
```

```
            <p>2019.09.12</p>
        </div></a>
    <a href="#"><div class="item_img">
        <img src="img/9.jpg" alt="">
        <p>非物质文化遗产名录名册项目展示体验活动（下）</p>
        <p>2019.06.17</p>
        </div></a>
    </div>
</div>
</section>
<footer>
    <p>主管：中华人民共和国文化和旅游部 主办：中国艺术研究院·中国非物质文化遗产保护中心
</p>
    <p>Copyright©2023 中国非物质文化遗产网·中国非物质文化遗产数字博物馆 All Rights
Reserved</p>
    <p>建议使用360极速、Chrome、Firefox浏览器，最佳分辨率1920×1080</p>
</footer>
</body>
```

2. 样式设置注意事项

（1）所有布局都用弹性布局实现，弹性布局要设置在父元素中。

（2）如要给 <a> 标签设置宽度等属性，需将其改为行内块元素或块级元素。

（3）用类选择器时，要注意每个元素的命名，每行对应的布局要注释。

样式参考代码如程序清单 10-13 所示。

程序清单 10-13

```
*{margin: 0;padding: 0;}.w{width: 1200px;margin: 0 auto;}
a{text-decoration: none;color: #333;}li{list-style: none;}
header{border-bottom: 1px solid #ccc;font-size: 18px;font-family: 华文仿
宋;font-weight: bold;}
.header{/* overflow: hidden; */margin: 20px 10%;display: flex;justify-content:
space-between;}
.header .logo{display: flex;justify-content: space-around;}
.logo .txt{margin-top: 15px;margin-left: 15px;}
.header .headright{height: 50px;line-height: 50px;}
/* 导航 */
ul{display: flex;justify-content: space-around;
height: 60px;line-height: 60px;padding: auto 50px;}
nav li{width: 50px;text-align: center;
font-size: 18px;font-family: 华文仿宋;font-weight: bold;}
nav li:nth-child(6){border-bottom: 4px solid #cc1e1d;}
nav li:hover{display: inline-block;
border-bottom: 4px solid #cc1e1d;}
/* 主体 */
section{height: auto;background: url("img/bg.png");
padding: 20px 0;border-bottom: 1px solid #ccc;}
```

```
.s_mod a:hover{color: darkred;}
.t_title{text-align: center;position: relative;
margin: 20px auto;}
.t_title span{display: inline-block;font-size: 30px;
font-family: 华文仿宋;font-weight: 600;}
.t_title .img{display: inline-block;width: 22px;
height: 32px;position: absolute;}
.t_title .img:nth-child(1){top: 5px;left: 530px;}
.t_title .img:nth-child(3){top: 5px;right: 530px;}
/* 导航   */
.tab_box{display: flex;justify-content: space-around;
padding: 0 30px;}
.tab_box a{display: inline-block;line-height: 48px;
text-align: center;font-family: "微软雅黑";}
.tab_box div{width: 170px;height: 48px;
background: url(img/bg_1.png) no-repeat;}
.tab_box a:nth-child(3) div{color:#fff;
background: url(img/bg_2.png) no-repeat;}
/* 图集 */
.tab_item{display: flex;justify-content: space-between;
flex-wrap: wrap;margin-top: 40px;}
.tab_item a{display: block;background-color: #fff;
margin-bottom: 20px;}
.item_img img{width: 380px;}
.tab_item a:hover{color: darkred;}
.tab_item p{line-height:40px;text-align: center;}
/* 脚部 */
footer{background: url(img/bg.png);padding: 30px;
text-align: center;}footer p{line-height: 30px;}
```

10.7 习题

扫描二维码，查看习题。

10.8 练习

1. 熟练掌握块级元素和行内元素的区别，写代码演示其特点，并掌握如何把块级元素和行内元素相互转换的方法。

2. 实现如图 10-21 所示的网页，要求：

（1）使用 div 元素包含两部分，一部分用 <div> 标签包含标题"一带一路·零距离"和文字内容；另一部分用 <ul> 无序列表实现具体事项。

（2）无序列表中的 <li>，其左边用一个 <div> 标签显示内容，左浮动，右边用一个 <div>

标签显示图片，右浮动。

（3）实现图 10-21 所示样式。

（4）使用清除浮动的四种方法实现，并体会哪一种更优。

一带一路·零距离

2023年是共建"一带一路"倡议提出十周年。习近平总书记强调，这个倡议的根本出发点和落脚点，就是探索远亲近邻共同发展的新办法，开拓造福各国、惠及世界的"幸福路"。十年来，无数人的生活与命运，因"一带一路"而改变。

雅万高铁助力印尼民众加速奔向美好生活
雅万高铁连接印尼首都雅加达和旅游名城万隆，是中国高铁首次全系统、全要素、全产业链在海外落地，也是中国同地区国家共商共建共享、携手迈向现代化的范例。

一朵棉花承载的坚守与梦想
乌兹别克斯坦人自从用上中国的棉种和技术，棉田产量稳步攀升，几乎是过去的两倍，而人力、肥料、用水等投入减少了一大半。

一所中国大学的以色列情缘
对外经贸大学以色列分校，中国大学在中东地区设立的首个分校，志于推动中以商贸往来。不同的文化只有不断交流，人类文明才可以延续下去。

一条横贯东西的超长"气"脉
像乌兹别克斯坦卡什卡达里亚州的"中国－中亚天然气管道"这样的压气站，从土乌边境、乌兹别克斯坦、哈萨克斯坦到中国新疆霍尔果斯边境共有19座。

图 10-21　练习 2 图

第11章 CSS3进阶

 本章学习目标

◇ 了解CSS3新特性
◇ 掌握CSS3渐变的应用方法
◇ 掌握CSS3过渡的应用方法
◇ 掌握CSS3动画的应用方法

 思维导图

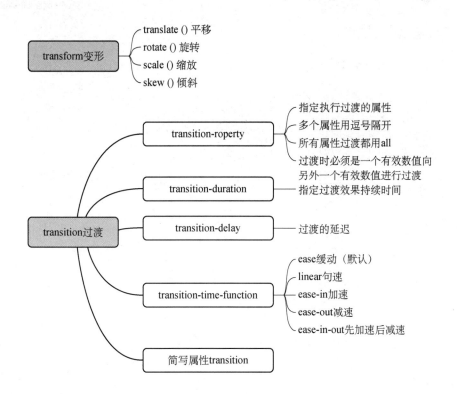

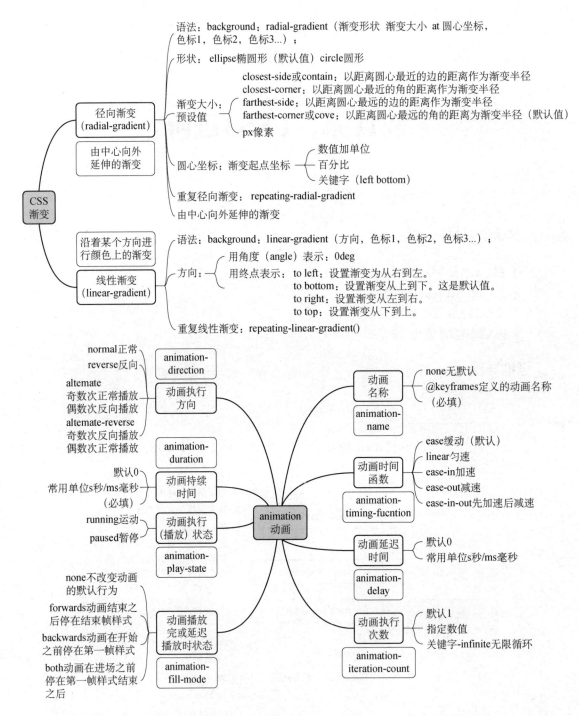

　　CSS3 是 CSS 技术的升级版本，于1999年开始制定，2001 年 5 月 23 日 W3C 完成了 CSS3 的工作草案，主要包括盒子模型、列表模块、超链接方式、语言模块、背景和边框、文字特效、多栏布局等模块。

　　CSS3 中新增了许多新特征，例如圆角效果、图形化边界、块阴影与文字阴影、使用 RGBA 实现透明效果、渐变效果、使用@Font-Face 实现定制字体、多背景图、文字或图像的变形处理（旋转、缩放、倾斜、移动）、多栏布局、媒体查询等。

CSS3 渐变

11.1　CSS3 渐变

　　CSS3 提供了生成渐变颜色的技术，渐变可以理解为在多个颜色之间的平稳过渡。在 CSS3 之前，需要利用图片来完成渐变效果，但这会存在一些问题，如图片放大后清晰度降低、影响页面加载速度、占用更多带宽等。此外，如果需要改变颜色，就需要使用图片编辑器重新编辑，既费时又费力。然而，CSS3 的渐变属性非常灵活，不仅解决了上述问题，而且允许我们在代码中直接修改颜色，大大提高了开发效率和便捷性。

　　CSS3 渐变主要有 2 种：线性渐变（linear-gradient）和径向渐变（radial-gradient），需要注意的是使用 CSS3 渐变需要考虑浏览器的兼容性，我们熟知的浏览器有 Chrome、Firefox、Opera、Safari 以及 IE 系列，不同的浏览器要加不同的前缀，如 firefox:-moz-、chrome/safari/opera:-webkit-、IE:-ms。IE9 及之前的版本不支持渐变。

　　要在 background-image 或 background 属性上设置渐变，不支持 background-color 属性。

11.1.1　线性渐变

　　线性渐变，就是沿着某个方向进行颜色上的渐变，可以使用左右上下以及对角线，在网页中大多数渐变都是线性渐变。

　　语法：background: linear-gradient（方向，色标 1，色标 2，色标 3…）；

　　渐变的方向可以使用以下方法设置。

1．用终点表示

　　to left：设置从右到左渐变。

　　to bottom：设置从上到下渐变，这是默认值。

　　to right：设置从左到右渐变。

　　to top：设置从下到上渐变。

　　也可以设置为从 to left top、to left bottom、to right top、to right bottom 四个对角线方向上渐变。

　　从上到下的渐变可以不写渐变方向，程序清单 11-1 演示了从上到下的线性渐变，起点是红色，慢慢过渡到黄色，效果如图 11-1 所示。

程序清单 11-1

```
div{
    width: 100px;
    height: 100px;
    border: 1px solid #000;
    background: linear-gradient(red, yellow);
}
```

　　通过增加方向参数，如 to bottom、to top、to right、to left、to bottom right 等，可以控制渐变的方向，如程序清单 11-2 所示。

图11-1　渐变效果（1）

程序清单 11-2

```
div{
    width:  100px;
    height:  100px;
    border:  1px solid #000;
    background:  linear-gradient(to right, red, yellow);
}
```

显示效果如图11-2所示。

2. 用角度（angle）表示

除了可以指定方向以外，也可以指定角度值来做更多的控制，角度用数字+单位来进行表示，单位使用deg。所有的颜色都是从中心出发的，0deg表示to top的方向，顺时针为正值，逆时针为负值，如图11-3所示。

图11-2　渐变效果（2）

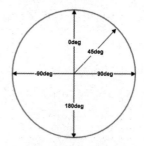

图11-3　渐变角度

程序清单11-3演示了在80度方向进行线性渐变，效果如图11-4所示。

程序清单 11-3

```
div{
    background:  linear-gradient(80deg, red, blue);
}
```

图11-4　渐变效果（3）

CSS 渐变还支持透明度，也可用于创建渐变效果。如需添加透明度，可以使用 rgba() 函数来定义色标，rgba() 函数中的最后一个参数可以是 0 到 1 的值，它用于定义颜色的透明度：0 表示全透明，1 表示全彩色（无透明）。

程序清单 11-4 演示的例子展示了从左开始的线性渐变，它开始时完全透明，然后过渡为 50% 透明度的红色，再过渡到全色黄色，效果如图 11-5 所示。

程序清单 11-4

```
div{
    background:linear-gradient(to right, rgba(255,0,0,0), rgba(255,0,0,1));
}
```

图 11-5　渐变效果（4）

前面演示的渐变效果是单次渐变的，CSS3 还提供了重复线性渐变，使用类似于 linear-gradient() 并采取相同参数的 repeating-linear-gradient() 函数用于重复线性渐变，它会无限地重复整个过程至覆盖其整个容器。

如程序清单 11-5 所示，两个颜色构成一个基本单元，第一个颜色从 0 开始，第二个颜色占据容器 10% 的位置进行渐变并重复显示，效果如图 11-6 所示。

程序清单 11-5

```
div{
    background: repeating-linear-gradient(to bottom right,red, yellow 10%);
}
```

图 11-6　重复线性渐变效果

11.1.2　径向渐变

径向渐变是由中心向外延伸的渐变，可以指定中心点的位置，也可以设置渐变的形状。

语法：background：radial-gradient（渐变形状 渐变大小 at 圆心坐标，色标 1，色标 2，色标 3…）；

渐变形状：默认值 ellipse 为椭圆形，还有一个渐变形状为圆形。

渐变大小可用以下预设值，也可直接以 px 指定大小：

- closest-side 或 contain：以距离圆心最近的边的距离作为渐变半径。
- closest-corner：以距离圆心最近的角的距离作为渐变半径。
- farthest-side：以距离圆心最远的边的距离作为渐变半径。
- farthest-corner 或 cove:以距离圆心最远的角的距离为渐变半径，是默认值。

圆心坐标:指定渐变起点的坐标,可以使用数值加单位、百分比或者关键字（如left、bottom等）等形式指定渐变起点的坐标,如果提供2个参数,那么第一个参数用来表示横坐标,第二个参数用来表示纵坐标,如果只提供一个参数,那么第二个参数将被默认设置为50%,即center。

程序清单11-7演示了由10% 30%位置开始,圆形,渐变大小为100px,0%到10%是红色,10%到50%是红色渐变到黄色效果,50%到100%是绿色,效果如图11-8所示。

程序清单 11-7

```
div{
    background: radial-gradient(circle 100px at 10% 30%, red 10%, yellow 50%, green
100%);
}
```

图11-8 径向渐变效果

CSS3同样提供了重复径向渐变,使用repeating-radial-gradient()函数用于重复径向渐变,类似于radial-gradient()并采取相同的参数,但它会从原点开始重复径向渐变来覆盖整个元素。

如程序清单11-9所示,以圆形在10% 30%位置开始,三种颜色构成一个基本单元,第一种颜色红色从0%开始,第二种颜色黄色从10%开始,第三种颜色绿色从20%开始进行径向并重复显示,效果如图11-10所示。

程序清单 11-9

```
div{
    background: repeating-radial-gradient(circle at 10% 30%, red 0%, yellow
10%,green 20%);
}
```

图 11-10　重复径向渐变效果

11.2　CSS3 变形

CSS3 变形

在 CSS3 之前，要实现元素的平移、旋转、缩放和倾斜等效果，常常需要依赖图片、Flash 或 JavaScript 才能完成。

在 CSS3 中，可以使用变形实现上述效果，变形对应的属性名称为 transform，而具体需要变形的效果，需要使用对应的变形函数，transform 对应的变形函数有 translate、rotate、scale、skew 等，分别用于实现平移、旋转、缩放、倾斜，如程序清单 11-10 所示。

程序清单 11-10

```
<!DOCTYPE html>
<html>
    <head>
        <meta charset="utf-8">
        <title></title>
        <style>
            div {
                display: inline-block;
                width: 100px;height: 100px;
                margin: 20px;    border: 1px solid red;
                background-color: aliceblue;
            }
            .div1 {
                /* div1向右移动20px,向下移动100px */
                transform: translate(20px,100px);
            }
            .div2 {
                /* div2顺时针旋转30deg */
                transform: rotate(30deg);
            }
            .div3 {
```

```
            /* div3水平方向缩小0.5倍,垂直方向缩小0.8倍 */
            transform: scale(0.5,0.8);
        }
        .div4 {
            /* div4水平方向倾斜30deg,垂直方向倾斜20deg */
            transform: skew(30deg,20deg);
        }
    </style>
</head>
<body>
    <div class="div1">div1</div>
    <div class="div2">div2</div>
    <div class="div3">div3</div>
    <div class="div4">div4</div>
</body>
</html>
```

上述代码中，第一个盒子div1使用了translate函数，分别传入了 *xy* 坐标，对应的元素会向右侧移动20px，向下移动100px，当然，*xy* 坐标也可以是负值；第二个盒子div2使用了rotate函数，传入了角度值，对应的元素会旋转30度，角度为负值时，采用逆时针旋转；第三个盒子div3使用了scale函数，传入两个参数，分别代表水平方向与垂直方向的缩放倍数；第四个盒子div4使用了skew函数，定义沿着 *x* 水平方向和 *y* 轴垂直方向的2D倾斜转换，效果如图11-11所示。

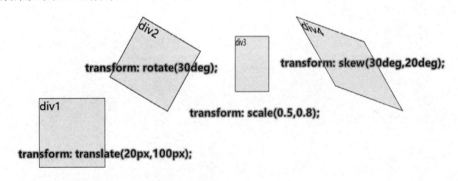

图11-11　transform效果

transform函数也可以进行3D转换，具体函数如表11-1所示。

表11-1　transform 3D转换函数

转换函数	描述
translate3d(x，y，z)	3D转换
scale3d(x，y，z)	3D缩放转换
rotate3d(x，y，z，angle)	3D旋转

11.3　CSS3 过渡

CSS3 过

CSS3 中的过渡属性可以让原本生硬过渡的效果在一段时间内过渡完成，其过程会更平滑，类似于简单的动画，可以理解为从一种样式逐渐改变为另一种样式的效果，通常与:hover 一起搭配使用。

CSS 中提供了 5 个有关过渡的属性：transition-property、transition-duration、transition-timing-function、transition-delay 和 transition。

1. transition-property

设置元素中参与过渡的属性，有以下三个属性值可选。

● none：表示没有属性参与过渡效果。

● all：表示所有属性都参与过渡效果。

● property：定义应用过渡效果的 CSS 属性名称列表，多个属性名称之间使用逗号进行分隔，如 transition-property：height，color。

2. transition-duration

该属性设置元素过渡的持续时间，时间的单位为秒或毫秒，如 transition-duration: 1s，默认值为 0，意味着不会有效果，如果有多个参与过渡的属性，也可以依次为这些属性设置过渡需要的时间，多个属性之间使用逗号进行分隔，如 transition-duration: 1s，2s，3s。除此之外，也可以使用一个时间来为所有参与过渡的属性设置过渡所需的时间。

3. transition-timing-function

该属性设置元素过渡的动画类型，属性的可选值如表 11-2 所示。

表 11-2　transition-timing-function 属性的可选值

值	描述
linear	以始终相同的速度完成整个过渡过程，等同于 cubic-bezier(0,0,1,1)
ease	以慢速开始，然后变快，最后慢速结束的顺序来完成过渡过程，等同于 cubic-bezier(0.25,0.1,0.25,1)
ease-in	以慢速开始过渡的过程，等同于 cubic-bezier(0.42,0,1,1)
ease-out	以慢速结束过渡的过程，等同于 cubic-bezier(0,0,0.58,1)
ease-in-out	以慢速开始，并以慢速结束的过渡效果，等同于 cubic-bezier(0.42,0,0.58,1)
cubic-bezier(n, n, n, n)	使用 cubic-bezier()函数来定义自己的值，每个参数的取值范围在 0 到 1 之间

4. transition-delay

该属性设置过渡效果延迟的时间，默认为 0，单位为秒或毫秒。

5. transition

该属性是上面 4 个属性的简写形式，通过该属性可以同时设置上面的 4 个属性。

语法：transition: transition-property transition-duration transition-timing-function transition-delay;

在 transition 属性中，transition-property 和 transition-duration 为必填参数，transition-timing-function 和 transition-delay 为选填参数，如非必要可以省略不写。

程序清单 11-11 中代码的效果是鼠标移到 box1 元素之后，元素的高度属性在 2s 内平滑过渡为 200px。程序清单 11-12 有同样的效果。

程序清单 11-11

```
.box1{
    transition:height 2s;
}
```

程序清单 11-12

```
.box1{
    transition-property: height;
    transition-duration: 2s;
}
```

另外，通过 transition 属性也可以设置多组过渡效果，每组之间使用逗号进行分隔，如程序清单 11-13 所示。

程序清单 11-13

```
.box1{
    background-color: yellow;
    transition:height 2s,width 2s,background-color 3s;
}
```

transition 属性除了可以设置过渡的样式与时间外，也可以设置过渡的时间曲线、延迟时间，如程序清单 11-14 所示。

程序清单 11-14

```
.box1{
    transition: height 1s linear 1s;
}
```

上述代码设置了高度属性在 1 秒内完成过渡，并以线性渐变的方式完成，延迟 1 秒开始。

同样可以将以上 transition 属性通过一系列以 transition 开头的属性分开设置过渡的效果，如程序清单 11-15 所示。

程序清单 11-15

```
.box1{
    transition-property: height;
    transition-duration: 1s;
    transition-timing-function: linear;
    transition-delay: 1s;
}
```

上述代码中 transition-property 表示需要过渡的属性，transition-duration 表示过渡的时间，transition-timing-function 表示元素过渡的动画类型，transition-delay 表示过渡的延迟时间。

注意：将过渡效果 transition 写在 hover 伪类中，鼠标进入时，hover 会应用 transition 效果；鼠标移出，属于非 hover，没有过渡效果，即在元素移动过程中，有过渡效果，元素回到原始位置，没有过渡效果。因此将 transition 过渡写在整个元素中，会在元素整个移动过程中起到过渡效果，而将元素变化的属性放在 hover 伪类中。

11.4　CSS3 动画

CSS3 动画

利用 transition 属性可以实现简单的过渡动画，但过渡动画仅能指定开始和结束两个状态，整个过程都是由特定的函数来控制的，而且需要在某个属性发生变化时才能触发，例如 hover，acitve 时，不是很灵活。动画和过渡类似，也可以实现一些动态效果，但动画可以自动触发。在 CSS3 中通过@keyframes 与 animation 进行配合可以完成更为复杂的动画效果。

1. @keyframes

@keyframes 为关键帧动画，顾名思义，可以通过此属性定义元素在某个关键时刻的样式，指定关键帧主要有两种方法。

方法一：

@keyframes 关键帧名称{
from{开始状态属性}
to{结束状态属性}}

方法二：

@keyframes 关键帧名称{
0%{开始状态属性}
50%（中间状态属性）
100%{结束状态属性}

如程序清单 11-16 所示，通过@keyframes 定义关键帧动画的名称 demo，接着通过 from 属性定义动画的开始状态，to 属性定义动画的结束状态，这个动画的效果是背景颜色从绿色变为红色。

程序清单 11-16

```
@keyframes demo
{
    from {background: green;}
    to {background: red;}
}
```

关键帧动画也可以通过时间百分比的形式表示每个时刻所对应的动画效果，如程序清单 11-17 所示。

程序清单 11-17

```
@keyframes demo
{
    0% {background: yellow;}
    25% {background: purple;}
    50% {background: red;}
    100% {background: green;}
}
```

上述代码分别设定了 4 种不同的动画效果，系统会自动根据时间的百分比值完成对应的效果。

2. animation

只定义关键帧动画是没有动画效果的，需要调用关键帧才可以有效果。在CSS3中，可以在任意选择器中通过调用如下属性实现动画。

（1）animation-name：绑定到选择器的关键帧的名称，明确需要执行哪个动画（必填），可以同时绑定多个动画，动画名称之间使用逗号进行分隔。如设置为none，则表示无动画效果。

（2）animation-duration：动画的完成时间，告诉系统动画持续的时长，单位为秒或毫秒，默认为0（必填）。

提示：若想让动画成功播放，必须要定义animation-name和animation-duration属性，如程序清单11-18所示，可实现圆从0%向右平移350px到100%位置。

程序清单 11-18

```
<!DOCTYPE html>
<html>
<head>
    <style>
        /* 圆从0向右平移350px到100% */
        @keyframes ball {
            0% {  left: 0px;}
            100% {left: 350px;}
        }
        div {
            width: 100px;height: 100px;border-radius: 50%;
            border: 3px solid black; position: relative;
            animation-name: ball;
            animation-duration: 2s;
        }
    </style>
</head>
<body>
    <div></div>
</body>
</html>
```

（3）animation-timing-function：设置动画如何完成一个周期，告诉系统执行动画的速度，默认为ease（与过渡的动画类型transition-timing-function属性值一致，如表11-2所示）。

（4）animation-delay：设置动画开始之前的延迟时间，默认为0，可以为正值也可以为负值。参数为正值时，表示延迟指定时间开始播放；参数为负值时，表示跳过指定时间，并立即播放动画。

（5）animation-iteration-count：设置动画被播放的次数，默认为1，可以设置为任意数字，表示次数，也可以设置为infinite，表示动画无限次播放。

（6）animation-direction：设置是否在下一周期逆向播放动画，默认为normal，表示以正常的方式播放动画；属性值为reverse表示以相反的方向播放动画，属性值为alternate表示播放时，奇数次（1、3、5等）为正常播放，偶数次（2、4、6等）为反向播放；属性值为alternate-reverse

表示播放动画时，奇数次为反向播放，偶数次为正常播放。

（7）animation-fill-mode：设置动画不播放时（动画播放完或延迟播放时）的状态。none表示不改变动画的默认行为，forwards表示当动画播放完成后，保持动画最后一个关键帧中的样式，backwards表示在animation-delay所指定的时间段内，应用动画第一个关键帧中的样式，both表示同时遵循forwards和backwards的规则。

（8）animation-play-state：设置动画处于正在运行还是暂停状态中，默认是running，表示正常播放动画，paused表示暂停动画的播放。

（9）animation：所有动画属性的简写属性。

CSS中除了单独设置以上属性，也可以使用animation综合属性实现调用关键词，animation是animation-name、animation-duration、animation-timing-function、animation-delay、animation-iteration-count、animation-direction、animation-fill-mode、animation-play-state几个属性的简写形式，通过animation属性可以同时定义上述的多个属性。

语法格式：animation: animation-name animation-duration animation-timing-function animation-delay animation-iteration-count animation-direction animation-fill-mode animation-play-state;

其中每个参数分别对应上面介绍的各个属性，如果省略其中的某个或多个值，则将使用该属性对应的默认值。如程序清单11-19所示，3秒调用动画ball，完成圆从0%向右平移350px到100%位置。

程序清单 11-19

```
div
  {
  animation: ball 3s;
}
```

11.5 案例——中国传统节日

请根据效果图（见图11-12）制作中国传统节日页面，要求用CSS中的形状、缩放、位置和透明度进行设置。

（1）整个body背景设置为黑色，用<h1>标签设置标题并居中，同时设置文字阴影样式。

（2）使用<ul>无序列表实现内容部分，每个<li>中有一个<h2>设置"小年"等小标题，用div包含<img>标签实现图片布局并设置样式，<li>标签使用浮动定位，下面的功能显示使用<h3>实现。

图11-12 中国传统节日效果

11.6　习题

扫描二维码，查看习题。

11.7　练习

1. 将CSS3所有新增的选择器在不同的浏览器中全部验证一遍。
2. 实现如图 11-13 所示的线性渐变的效果。

图 11-13　练习 2 图

第3部分

JavaScript

第12章 JavaScript基础

本章学习目标

◇ 了解 JavaScript 的基本概念
◇ 掌握 JavaScript 的基本语法
◇ 掌握 JavaScript 中函数、数组、对象的应用

思维导图

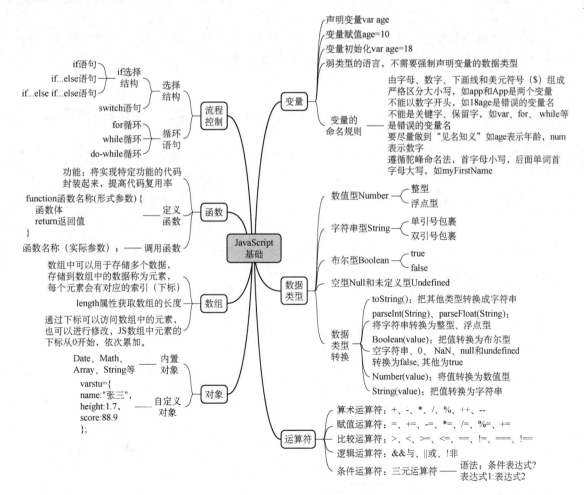

JavaScript 是世界上最流行的脚本语言之一，无论是在移动端，还是在 PC 端，不论是在浏览器中，还是在 App 当中，到处都存在着 JavaScript 的身影。在 Web 前端开发中 JavaScript 可以在网页上生成交互效果或者与后端服务器传输数据。

12.1　JavaScript 概述

认识
JavaScript

JavaScript（通常缩写为 JS）是 Web 开发领域中的一种功能强大的编程语言，其作用主要用于开发交互式的 Web 页面，使网页的互动性更强，用户体验更好。

1. JavaScript 的诞生和发展

（1）LiveScript 由布兰登·艾奇（Brendan Eich）发明，于 1995 年出现在 Netscape。

（2）Netscape 与 SUN 合作，将 LiveScript 改名为 JavaScript，造就了这个强大的 Web 页开发工具。

（3）如今，Web3.0 时代，各种 JavaScript 功能框架层出不穷，各种前端应用愈加丰富多彩。

2. JavaScript 作用

JavaScript 内嵌于 HTML 网页中，通过浏览器内置的 JavaScript 引擎直接编译，把一个原本只用来显示的页面，转变成支持用户交互的页面。JavaScript 主要运行在浏览器中。

例如，直接在浏览器中进行表单验证，只有填写格式正确的内容后才能够提交表单，避免因表单填写错误导致反复提交，节省了时间和网络资源。

3. JavaScript 特点

JavaScript 是一种脚本语言，特点是简单、易学、易用，语法规则比较松散，能够快速完成程序的编写工作。

JavaScript 可以跨平台，它不依赖操作系统，仅需要浏览器的支持。

JavaScript 支持面向对象，可以使 JavaScript 开发变得快捷和高效，降低开发成本。

4. JavaScript 组成

JavaScript 由 ECMAScript、DOM、BOM 三部分组成。

ECMAScript：是 JavaScript 的核心，规定了 JavaScript 的编程语法和基础核心内容，是所有浏览器厂商共同遵守的一套 JavaScript 语法工业标准。

DOM：文档对象模型，是用于 HTML 编程的接口，可以通过 DOM 对页面上的各种元素进行操作。

BOM：浏览器对象模型，它提供了独立于内容的、可以与浏览器窗口进行互动的对象结构。通过 BOM，可以对浏览器窗口进行操作。

5. JavaScript 书写位置

JavaScript 代码不能单独运行，类似于 CSS，需要将 JS 代码嵌入到网页中才能使其生效，其嵌入方式有三种。

（1）行内式：将单行或少量的 JavaScript 代码写在 HTML 标签的事件属性中，如程序清单 12-1 所示。

程序清单 12-1

```
<input type="button" value="点击" onclick="alert('这是行内式js代码书写')"/>
```

在使用行内式时需要注意：单引号和双引号的使用，多层引号嵌套时，容易混淆，导致代码出错；行内式可读性较差，没有与结构分离；只有在临时测试或特殊情况使用，一般情况下不推荐。

（2）内嵌式（嵌入式）：使用<script>标签包裹JavaScript代码，<script>标签可以写在<head>或<body>标签中，如程序清单12-2所示。

程序清单 12-2

```
<head>
  <script>
    alert('Hello, world');
  </script>
</head>
```

<script>...</script>包含的代码就是JS代码，浏览器在解析HTML代码时，会自动执行其中的JS代码，需要注意的是，<script>标签可以存在多个，开发人员通常会将<script>标签放在页面的尾部，当然也可以放在<head>标签中。之所以放在尾部，是希望浏览器能够先加载页面的结构和样式，最后再加载JS代码，这样能够保证用户第一时间看到页面的效果。

（3）外部式（外链式）：将JavaScript代码写在一个单独的文件中，一般使用".js"作为文件扩展名，在HTML页面中使用<script>标签引入，适合JavaScript代码量比较多的情况。当然单独的JS文件是不能执行的，依然需要将其引入到HTML文件中，如程序清单12-3所示。

程序清单 12-3

```
<head>
  <script src="js/abc.js"></script>
</head>
```

上述代码，使用<script>标签的src属性引入了外部的JS文件，其路径可以使用相对路径，也可以使用绝对路径，推荐使用相对路径。还需要注意的是，外部式的<script>标签内不能编写JavaScript代码。

JavaScript
基础语法

6. 语法规划

JavaScript的语法简单易懂，相对于传统的Java、C等编程语言，语法更为灵活，在编写JavaScript代码时，需要注意基本的语法规则：

● JavaScript严格区分大小写，在编写代码时一定注意大小写的正确性。
● JavaScript代码对空格、换行、缩进不敏感，一条语句可以分成多行书写。

如果一条语句结束后，换行书写下一条语句，则后面的分号可以省略，但是为了保证程序的规范和良好的阅读性，建议为每行语句添加分号。

7. JavaScript注释

JavaScript注释包括以下两种。

单行注释：以"//"开始，到该行结束或<script>标签结束之前的内容都是注释。快捷键为Ctrl + /。

多行注释：以"/*"开始，以"*/"结束。需要注意的是，多行注释中可以嵌套单行注释，但不能再嵌套多行注释。快捷键为：Shift + Ctrl + /，如图12-1所示。

```
<script>
    //输出Hello World 这是单行注释
    /* 输出Hello World
    //这是多行注释中嵌套单行注释
    这是多行注释 */
    alert('Hello World');
</script>
```

图12-1　JavaScript注释

8. 输入和输出语句

JavaScript可以在网页中实现用户交互效果。例如，网页打开后自动弹出一个输入框，用户输入内容后，由程序内部进行处理，处理完成后再把结果返回给用户。整个过程分为输入、处理和输出3个步骤，常用的输入和输出语句如表12-1所示。

表12-1　常用的输入和输出语句

语句	说明
alert('msg')	浏览器弹出警告框
console.log('msg')	浏览器控制台输出信息
prompt('msg1', 'msg2')	浏览器弹出输入框，用户可以输入内容
document.write('msg')	向文档写文本、HTML表达式或JavaScript代码

9. 控制台

浏览器的控制台中也可以直接输入JavaScript代码来执行语句，这为初学者提供了很大的便利。在console面板上，除了报错以外，还可以打印出我们在程序中所想要补充的一些数据，用得最多的命令语句就是console.log()。

12.2　变量

变量是计算机内存中存储数据的空间，使用变量可以方便地获取或者修改内存中的数据。变量的使用，分为两步：声明变量和变量赋值。

声明变量 var age;　　//声明一个名称为age的变量
变量赋值 age = 10　　//为age变量赋值
变量初始化 var age = 18　　//声明变量的同时赋值

JS属于弱类型的语言，在定义变量时，不需要强制声明变量的数据类型，如程序清单12-4所示。

程序清单 12-4

```
var a = 1;
```

上述代码定义了变量a，其值为整数1。

在对变量进行命名时，需要遵循变量的命名规则，具体如下：

- 由字母、数字、下画线和美元符号（$）组成。
- 严格区分大小写，如app和App是两个变量。
- 不能以数字开头，如18age是错误的变量名。
- 不能是关键字、保留字，如var、for、while等是错误的变量名。
- 要尽量做到"见名知义"，如age表示年龄，num表示数字。
- 遵循驼峰命名法，即首字母小写，后面单词首字母大写，如myFirstName。

在JS中，可以使用等号对变量进行赋值，也可以使用等号将任意数据类型赋值给变量。同一个变量可以反复多次赋值，每次赋值时，可以是不同数据类型的数据，但是要注意只能用var申明一次，如程序清单12-5所示。

程序清单 12-5

```
var a = 10;
a = 'abc';
```

上述代码首先定义了变量a，并将数字10存储至变量a中，后续又对变量a进行了重新赋值，并将字符串类型的数据"abc"赋值给变量a，可以看出变量a每次赋值时，数据类型可以变化，同时后续的赋值不需要再使用var关键字。

12.3 数据类型

任何的计算机程序都需要处理数据，为了能够灵活处理各种类型的数据，通常程序语言会将数据分门别类，定义不同的数据类型。在JavaScript中定义了如图12-2所示的数据类型。

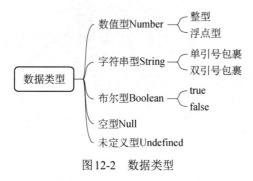

图12-2 数据类型

1. Number

JS并不区分整数和小数，数字统一使用Number类型表示，Number类型可以完成任意的算术运算。

2. 字符串

程序中离不开文本类型的数据，而文本类型的数据在JS中使用字符串类型表示，字符串是以单引号"'"或双引号"""括起来的任意文本，如"abc"，"你好"，这些都是字符串类型，使用单引号还是双引号没有区别，取决于个人习惯。

3. 布尔值

JS中使用布尔值表示条件的成立与否，如果条件成立，则结果为真，用true表示，反之为假，用false表示，一个布尔值只有true、false两种值，要么是true，要么是false，通过关系运算符做比较时会产生布尔值。

4. Null 与 Undefined

JS中Null类型只有一个值：null，一个没有被赋值的变量会有默认值，即undefined。

当不确定一个变量或值是什么数据类型的时候，可以利用typeof运算符进行数据类型检测。

5. 数据类型转换

toString()：把其他类型转换成字符串。

parseInt(String)、parseFloat(String)：将字符串转换为整型、浮点型。

Boolean(value)：把值转换为布尔型，空字符串、0、NaN、null和undefined转换为false，其他为true。

Number(value)：将值转换为数值型。

String(value)：把值转换为字符串。

12.4　运算符

JavaScript运算符用于赋值、比较值、执行算术运算等，包括算术运算符、赋值运算符、比较运算符、逻辑运算符和条件运算符。

1. 算术运算符

算术运算符用于对两个变量或值进行算术运算，算术运算符如表12-2所示。

表12-2　算术运算符

运算符	描述	例子	y值	x值	备注
+	加法	x=y+2	y=5	x=7	
-	减法	x=y-2	y=5	x=3	
*	乘法	x=y*2	y=5	x=10	
/	除法	x=y/2	y=5	x=2.5	
%	余数	x=y%2	y=5	x=1	
++	自增	x=++y	y=6	x=6	先自增再赋值
		x=y++	y=6	x=5	先赋值再自增
--	自减	x=--y	y=4	x=4	先自减再赋值
		x=y--	y=4	x=5	先赋值再自减

2. 赋值运算符

赋值运算符用于对两个变量或值进行算术运算，赋值运算符如表 12-3 所示。

表 12-3　赋值运算符

运算符	运算	示例	结果
=	赋值	a=3;	a=3
+=	加并赋值	a=3;a+=2;	a=5
-=	减并赋值	a=3;a-=2;	a=1
*=	乘并赋值	a=3;a*=2;	a=6
/=	除并赋值	a=3;a/=2;	a=1.5
%=	求模并赋值	a=3;a%=2;	a=1
+=	连接并赋值	a='abc';a+='def';	a='abcdef'

3. 比较运算符

比较运算符用于对两个数据进行比较，其结果是布尔值（true 或 false），比较运算符如表 12-4 所示。

表 12-4　比较运算符

运算符	运算	示例	结果	备注
>	大于	5>5	false	
<	小于	5<5	false	
>=	大于或等于	5>=5	true	
<=	小于或等于	5<=5	true	
==	等于	5==4	false	先转换相同类型，再比较
!=	不等于	5!=4	true	
===	全等	5===5	true	比较值是否相等，比较数据类型是否相同
!==	不全等	5!=='5'	true	

4. 逻辑运算符

逻辑运算符用于对布尔值进行运算，其返回值也是布尔值，逻辑运算符如表 12-5 所示。

表 12-5　逻辑运算符

运算符	运算	示例	结果
&&	与	a&&b	a 和 b 都为 true，结果为 true，否则为 false
||	或	a||b	a 和 b 中至少有一个为 true，则结果为 true，否则为 false
!	非	!a	若 a 为 false，结果为 true，否则相反

5. 条件运算符

条件运算符又叫三元运算符，是一种需要三个操作数的运算符，运算的结果根据给定条件决定。

语法结构：条件表达式 ? 表达式1 : 表达式2。

语法说明：先求条件表达式的值，如果为true，则返回表达式1的执行结果；如果条件表达式的值为false，则返回表达式2的执行结果。

代码举例：age >= 18 ? '已成年' : '未成年';

6. 运算符优先级

运算符优先级是指表达式中所有运算符参与运算的先后顺序，如表12-6所示。

表12-6　运算符优先级

结合方向	运算符	结合方向	运算符
无	()	左	==!====!==
无	++（后置）--（后置）	左	&
右	!-（负数）+（正数）++（前置）--（前置）	左	^
右	**	左	|
左	*/%	左	&&
左	+-	左	||
左	<<>>>>	右	?:
左	<<=>>=	右	=+=-=*=/=%=<<=>>=>>>=&=^=|=

12.5　流程控制语句

JavaScript 流程控制

前几章节编写的代码执行的顺序都是从上至下，但是程序中避免不了使用条件来控制程序的执行，如果希望控制程序的执行逻辑或执行顺序，则可以使用JS中提供的选择结构和循环结构实现。

12.5.1　选择结构

选择结构又称为条件结构，顾名思义，选择结构会根据某个条件，有选择地执行某段代码，而不是像顺序结构一样，一行不落地从上至下执行所有代码。

1. if选择结构

（1）if语句，单分支，如果条件为真，则执行代码块，如图12-3所示。

```
if (条件) {
    如果条件为真，  则执行这里的代码块
}
```

图12-3　if语句

（2）if...else语句，双分支，如果条件为真，则执行代码块1，否则执行代码块2，如图12-4所示。

```
if (条件) {
    // 如果条件为真，则执行这里的代码块1
} else {
    如果条件为假， 则执行这里的代码块2
}
```

图 12-4 if...else 语句

（3）if...else if...else 语句，多分支，如果条件 1 为真，则执行代码块 1，如果条件 2 为真，则执行代码块 2，否则执行代码块 3，如图 12-5 所示。

```
if (条件1) {
    // 如果条件1为真，则执行这里的代码块1
} else if (条件2) {
    // 如果条件2为真，则执行这里的代码块2
} else {
    // 如果所有条件都为假，则执行这里的代码块3
}
```

图 12-5 if...else if...else 语句

例如，根据学生分数的不同显示不同的结果，如程序清单 12-6 所示。

程序清单 12-6

```
var score = 92;
if (score >= 60) {
    alert("及格");
} else {
    alert("不及格");
}
```

其中 if 关键字后的小括号中 score>=60 为条件，如果条件为真，则会执行第一个 {} 中的代码，如果条件为假，则会执行 else 后，也就是第二个 {} 中的代码，else 语句是可选的，也可以编写两个 if 来实现上面相同的效果，但是很显然，利用 else 程序的效率会更高，如果语句块只包含一条语句，那么可以省略 {}，如程序清单 12-7 所示。

程序清单 12-7

```
var score = 92;
if (score >= 60)
    alert("及格");
else
    alert("不及格");
```

省略 {} 是不推荐的做法，会导致程序出现极不容易排查的问题，如程序清单 12-8 所示。

程序清单 12-8

```
var score = 92;
if (score >= 60)
    alert("及格");
    alert("表现不错");
```

上述程序中第二个 alert 其实已经不属于 if 的控制范围了，即使分数小于 60 分，第二个 alert 依然会执行，但是这种问题如果不细心，很难排查，如果在其中加上 {}，则可以避免这样的问题。

以上案例中，如果希望分数分出多个等级，也就是有多个条件需要判断时，可以使用else if的形式来完成，如程序清单12-9所示。

程序清单 12-9

```
var score = 86;
if (score >= 90) {
    alert("优秀");
} else if (score >= 80) {
    alert("良好");
} else if (score >= 70) {
    alert("中等");
} else if (score >= 60) {
    alert("及格");
} else {
    alert("不及格");
}
```

上述程序中的else if可以有任意个，程序从上至下进行判断时，如果有一个条件满足，则后续的所有条件不会再进行判断，如本程序中虽然score既大于80又大于60，但是程序只会显示"良好"，不会显示"及格"。

2. switch 语句

switch语句基于不同的条件来执行不同的操作，与if…else if…else语句相同，但它更有条理、更简洁。switch语句通过计算给定的表达式（可以是变量或值），并将其与case中的值进行比较，如果表达式的值与其中一种情况匹配，则执行关联的代码块（一组指令），如果未找到匹配项，则执行default下的代码块m，如图12-6所示。

```
switch (表达式) {
    case 值1:
        // 如果表达式的值等于值1，则执行这里的代码块1
        break;
    case 值2:
        // 如果表达式的值等于值2，则执行这里的代码块2
        break;
    ……
    case 值n:
        // 如果表达式的值等于值n，则执行这里的代码块n
        break;
    default:
        // 如果表达式的值不等于任何一个值，则执行这里的代码块m
}
```

图12-6　switch语句

如上面的程序，将其改为witch语句，如程序清单12-10所示，可实现同样的功能。

程序清单 12-10

```
var score = 86;
switch (parseInt(score/10)) {
    case 9:
        alert("优秀");
```

```
      break;
   case 8:
      alert("良好");
      break;
   case 7:
      alert("中等");
      break;
   case 6:
      alert("及格");
      break;
   default:
      alert("不及格");
}
```

break 表示强制跳出该 switch 语句，如果没有 break，则语句在匹配完之后，执行了想要的代码部分，不会自动跳出，而会继续往下执行代码，哪怕后面的 case 不匹配，直到遇到一个break，才会跳出。

default 表示前面所有的 case 都不满足时执行的结构体，default 语句可以不写，表示前面的 case 都不满足，直接跳出该 switch 语句。default 后面的 break 可以不写，表示直接跳出该switch。

12.5.2　循环语句

程序中经常需要完成各种重复的运算，比如计算 1 到 100 之间所有数字的和，很多需要重复计算或执行的语句都可以考虑使用循环来简化代码。

JS 支持的循环一般有两种，分别是 for 循环和 while 循环。

1. for 循环

首先介绍 for 循环，如程序清单 12-11 所示。

程序清单 12-11

```
for (var i=1; i<=10; i++) {
console.log(i)
}
```

上述程序展示了一个最基本的 for 循环，此循环一共会执行 10 次，最终 i 的值会变为 11。

关键字 for 后的括号中包含三部分，其中第一部分"var i = 1;"定义了循环变量，循环变量主要用于配合循环条件控制循环的次数，第二部分"i <= 10;"为循环条件，第三部分"i++"使用自增运算，每次循环控制 i 增加 1。

{}中的内容为循环体，是具体需要循环执行的代码，如果将{}中的内容看作第四部分，那么这四部分的执行顺序为：1，2，4，3，2，4，3，2，4……

第一部分定义变量只会执行一次，接着判断第二部分的条件，如果条件满足，就会执行第四部分循环体，循环体执行一次后，会执行第三部分，将循环变量的值+1，然后继续进行条件判断，如果满足条件，则继续循环，否则循环终止。

2. while 循环

while循环也需要通过循环条件控制，循环体的执行依赖循环条件是否成立，如果成立，则循环为重复执行，否则循环会终止。while循环先判断后执行，如果条件不满足，则可能一次也不执行。如将之前for循环的程序使用while循环实现，如程序清单12-12所示。

程序清单 12-12

```
var i = 0;
while (i <= 10) {
    console.log(i);
        i++;
}
```

仔细观察上述代码，会发现while循环同样包括循环变量、循环条件，以及循环变量的自增，只是放置的位置稍有差异，但是思想是一致的。

while循环还有一种变体，称为do...while循环，它和while循环唯一的差异是，while循环每次都是先判断条件再执行循环体，而do...while则是先执行循环体再进行条件判断，因此即使条件不满足，do...while循环也会执行一次，而while循环如果不满足条件，则一次也不会执行，如程序清单12-13所示。

程序清单 12-13

```
var i = 0;
do {
    console.log(i)
    i++;
} while (i < 10);
```

循环可以有效减少代码的重复量，则程序更简洁，功能也更强大，但是需要把握好循环条件的编写以及不要忘记更新循环变量，其中循环条件的编写非常重要，循环条件决定了循环是否符合需求。

12.5.3　跳出循环

默认情况下循环会在判断循环条件为假时自动退出，否则循环会一直持续下去。某些情况下，我们不用等待循环自动退出，可以主动退出循环，JavaScript中提供了break和continue两个语句来实现退出循环和退出（跳过）当前循环。

break语句，前面学过使用break语句跳出switch选择，也可以使用break语句来跳出循环，让程序继续执行循环之后的代码。

continue语句，用来跳过本次循环，执行下次循环。当遇到continue语句时，程序会立即重新检测循环条件，如果循环条件结果为真则开始下次循环，否则退出循环。

总之，break语句用来跳出整个循环，执行循环后面的代码；continue语句用来跳过当次循环，继续执行下次循环。

12.6　函数

JavaScript 函数

函数就是将实现特定功能的代码封装起来，当我们需要实现特定功能时，直接调用函数实现即可，不需要每次都写一堆代码，实现代码的复用。

函数可以实现功能的封装，提高代码复用率，也可用于构建对象的模板（构造函数）。

12.6.1　定义函数

在 JavaScript 中，定义函数的语法如下。

```
function  函数名称(形式参数) {
      函数体
      return  返回值
}
```

其中 function 关键字代表定义函数，function 关键字后紧接着函数名称，函数名称的命名规则与变量一致，函数名称后的小括号中可以放入任意的形式参数，接着在花括号中包含函数对应的代码，也就是函数体。函数体中可以包含 return 语句，其后紧接函数的返回值，返回值代表函数运算的结果，当然即使没有 return 语句，函数也会有返回值，只不过其值为 undefined。

JS 中的函数也可以认为是对象，可以保存在变量中，甚至可以将函数作为参数传递给另一个函数，从而实现回调函数。在定义函数时也可以直接使用变量进行定义。

```
var  变量名称  = function (形式参数) {
      函数体
      return  返回值
};
```

上述方式本质上是定义了一个匿名函数，也就是使用 function 定义的函数没有函数名称，函数在定义后，整体赋值到 var 定义的变量中，后续可以使用变量名称进行调用，其整体是一个赋值语句，因此最后应该加上分号。

当然即使定义的函数有名称，依然可以将其存储到变量中，只不过很少会有人这么做，因为函数定义后主要是为了调用，使用上述两种方式定义的函数在调用时没有任何区别，可以使用函数名称调用，也可以使用存储函数的变量调用，或者说，函数名称就是一个变量。

12.6.2　调用函数

函数定义后，如果不调用，函数中的代码就不会被执行，从前面函数的概念中可以得知，函数主要用于封装代码，当需要使用时，可以调用函数。调用函数时，会自动执行函数体中的代码。JS 中使用最多的调用函数方式是使用函数名直接调用，语法如下：

```
函数名称(实际参数);
```

　　调用函数时，使用函数名称进行调用，紧接着的括号中可以传入参数，此时传入的参数称为实际参数，简称实参，实参应与定义函数时声明的形式参数相匹配。

　　JS语法非常灵活，即使在调用函数时，传入的实际参数个数与形式参数个数不一致，也不会产生语法错误。

12.7　数组

　　除了数字、布尔、字符串这些基本数据类型以外，JS中还提供了复杂数据类型，常用的有数组和自定义对象。

　　数组可以存储多个数据，存储到数组中的数据称为元素，每个元素会有对应的索引，也可以称为下标，可以用下标访问或修改数组中的元素，JS数组中元素的索引从0开始，依次累加。

　　可以使用方括号定义数组，通过length属性获取数组的长度，也就是元素个数，如程序清单12-14所示。

程序清单 12-14

```
var arr = [20,30,50,100];
console.log(arr.length);
```

　　通过索引可以访问数组中的元素，也可以进行修改，如程序清单12-15所示。

程序清单 12-15

```
var arr = ["a","b","c","d"];
arr[2] = "x";
console.log(arr[2]);
```

　　上述代码将数组的第三个元素（索引从0开始）的值修改为字符串"x"，同时将第三个元素打印到控制台。注意，JS中访问元素，如果索引超出了限制，就不会出现越界错误，只会得到undefined值。

　　基于JS中索引不会越界的原理，当希望动态地向数组中添加元素时，就可以使用索引的形式直接添加，如程序清单12-16所示。

程序清单 12-16

```
var arr = [20,30,50];
arr[3] = 100;
```

　　上述代码创建的数组，只有3个元素，索引最大值为2，将索引3的元素赋值为100，相当于添加了第四个元素，也可以直接使用length属性代替数字3，会使程序更具通用性。

12.8　对象

1. 内置对象

　　JS中存在很多的内置对象，内置对象就是JS自带的一些对象，这些对象供开发者使用，并提供了一些常用的或是最基本而必要的功能（属性和方法)。内置对象最大的优点就是帮助我们快速开发。JavaScript 提供了多个内置对象：Math、Date、Array、String 等。

Math 对象：提供了与数学相关的方法和常量，如计算平方根、对数、三角函数等。

Date 对象：用于处理日期和时间，可以获取当前日期时间、设置日期时间、格式化日期等。

String 对象：用于处理字符串，提供了许多字符串操作的方法，如查找子串、替换字符、拼接字符串等。

Array 对象：用于处理数组，提供了对数组进行操作的方法，如添加元素、删除元素、排序等。

2. 自定义对象

在 JS 中开发人员可以根据自己的需求创建自定义对象，自定义对象使用 "{}" 的形式表示，对象可以存储多个数据，JS 中的对象以键值对的形式表示。

JS 中的对象可以方便地描述现实生活中的事物，比如描述一个学生信息，如程序清单 12-17 所示。

程序清单 12-17

```
var stu = {
    name:"张三",
    height:1.7,
    score:88.9
};
```

上述代码中，描述了一个学生的姓名、身高、分数信息，这些都可以称为对象的属性。描述对象信息时，总是采用键值对的形式，冒号的前面为属性名，冒号的后面为属性值。可以通过属性名访问对象的属性值，也可以对属性值进行修改，如程序清单 12-18 所示。

程序清单 12-18

```
console.log(stu.name);
console.log(stu["name"]);
stu.name = "李四";
stu.name = "王五";
```

上述代码使用了两种方式对属性进行访问，并对属性值进行了修改。访问属性时，可以使用 "." 的形式，也可以使用 "[ ]" 的形式，两者的区别在于，方括号的形式会更通用，如果属性名不符合变量的命名规则，则只能使用方括号的形式，点操作符的形式只适合于属性名符合变量名时。

类似于数组，当访问了不存在的属性时，并不会产生错误，而只会返回 undefined。

对象内部的属性值可以是任意的数据类型，也可以是一个函数，当对象内部的属性值为一个函数时，此时可以称为方法，此种方式在面向对象的编程中非常常见，如程序清单 12-19 所示。

程序清单 12-19

```
var stu = {
    name:"张三",
    age:22,
    study:function () {
        console.log("学习");
```

```
    }
};
stu.study();
```

上述代码中study属性对应的属性值为一个匿名函数，因为函数封装在对象内部，不能直接调用，故需要使用对象.属性()的形式调用，此时属性名相当于函数名称，只不过封装在对象内部的函数，一般称为方法。

如果需要在方法的内部访问对象的属性，就可以使用this关键字，它始终指向当前对象，也就是stu对象，如程序清单12-20所示。

程序清单 12-20

```
var stu = {
    name:"张三",
    age: 22,
    study: function () {
        console.log(this.name + "学习");
    }
};
stu.study();
```

上述代码中，study方法中使用了this关键字访问了当前对象的name属性，此时this就代指外部的stu对象，因此可以访问name属性。

12.9　案例——简易计算器

用JS制作一个简易计算器，输入界面效果如图12-7所示，输出界面效果如图12-8所示，参考代码如程序清单12-21所示。

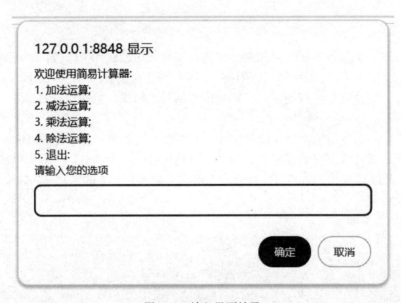

图12-7　输入界面效果

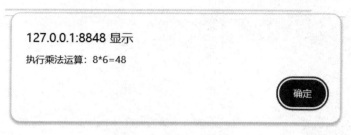

图 12-8　输出界面效果

功能描述如下：

（1）定义 4 个函数，分别实现两个参数的加、减、乘、除计算。

（2）用 prompt 接收选择（加、减、乘、除），接收后进行 switch 判断。

（3）接收到 1 选择，执行加法计算，继续接收 2 个数据，调用加法函数将两个数据进行计算，用 alert 将函数返回值输出，并显示加法运算。

（4）接收到 2 选择，执行减法计算，继续接收 2 个数据，调用减法函数将两个数据进行计算，用 alert 将函数返回值输出，并显示减法运算。

（5）接收到 3 选择，执行乘法计算，继续接收 2 个数据，调用乘法函数将两个数据进行计算，用 alert 将函数返回值输出，并显示乘法运算。

（6）接收到 4 选择，执行除法计算，继续接收 2 个数据，调用除法函数将两个数据进行计算，用 alert 将函数返回值输出，并显示除法运算。

程序清单 12-21

```javascript
<script>
    function jiafa(num1, num2) {
        return num1 + num2;
    }
    function jianfa(num1, num2) {
        return num1 - num2;
    }
    function chengfa(num1, num2) {
        return num1 * num2;
    }
    function chufa(num1, num2) {
        return num1 / num2;
    }
    var str = "欢迎使用简易计算器:\n1.加法运算;\n2.减法运算;\n3.乘法运算;\n4.除法运
算;\n5.退出:\n请输入您的选项";
    var option = parseInt(prompt(str))
    switch (option) {
        case 1:
            var str1 = parseInt(prompt("请输入第一个数"));
            var str2 = parseInt(prompt("请输入第二个数"));
            result = jiafa(str1, str2);
            alert("执行加法运算: "+str1+"+"+str2+"="+result);
            break;
        case 2:
```

```
            var str1 = parseInt(prompt("请输入第一个数"));
            var str2 = parseInt(prompt("请输入第二个数"));
            result = jianfa(str1, str2);
            alert("执行减法运算："+str1+"-"+str2+"="+result);
            break;
        case 3:
            var str1 = parseInt(prompt("请输入第一个数"));
            var str2 = parseInt(prompt("请输入第二个数"));
            result = chengfa(str1, str2);
            alert("执行乘法运算："+str1+"*"+str2+"="+result);
            break;
        case 4:
            var str1 = parseInt(prompt("请输入第一个数"));
            var str2 = parseInt(prompt("请输入第二个数"));
            result = chufa(str1, str2);
            alert("执行除法运算："+str1+"/"+str2+"="+result);
            break;
        case 5:
            alert("退出");
            break;
    }
</script>
```

12.10　习题

扫描二维码，查看习题。

12.11　练习

1. 使用三种输出语句在页面上显示"你好"。

2. 计算下面的公式，在控制台输出。

（1）写一个程序，要求用户输入鸡蛋数，如果20个鸡蛋放一盒，则判断要多少个盒子。

（2）用户输入一个三位数，用程序计算出三位数字的和，例如，用户输入1，5，5，就弹出11。

（3）用户输入一个三位数，请使用程序分别显示出百位数、十位数、个位数具体值，例如，用户输入456，分别弹出4，5，6。

第13章 JavaScript进阶

本章学习目标

◇ 了解BOM的基本概念
◇ 掌握 BOM 的常见对象
◇ 了解DOM的基本概念
◇ 掌握DOM的常见操作
◇ 了解事件处理的基本概念
◇ 掌握事件处理的使用

思维导图

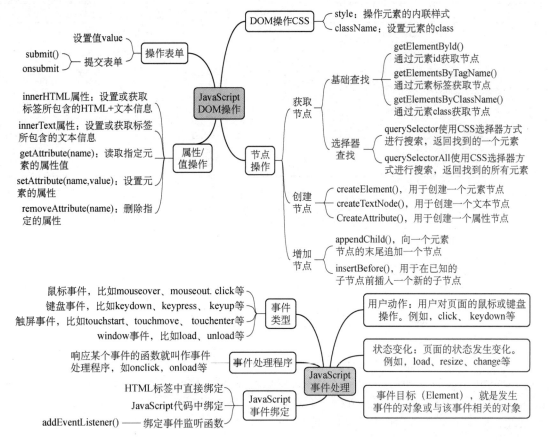

浏览器对象模型（Browser Object Model，简称 BOM）提供了与浏览器交互的对象和接口，允许开发者操作浏览器窗口、导航、历史记录、定位等。DOM 是 Document Object Model 的缩写，即文档对象模型，DOM 提供了网页编程的接口，可以利用 DOM 对网页上的元素进行管理，从而实现动态交互效果。

13.1 BOM 对象

BOM 浏览器对象

BOM 提供了与浏览器交互的丰富接口，通过掌握 BOM 的主要对象和它们的方法及属性，开发者可以编写出更加交互性强、功能丰富的网页应用。

BOM 的主要对象有 window 对象、location 对象、navigator 对象、screen 对象、history 对象等。

1. window 对象

BOM 的顶层对象是 window，window 对象是最常用的 BOM 对象，它代表浏览器窗口，同时也是全局对象，全局作用域中的变量和函数都会自动成为 window 对象的成员。winodw 对象方法如表 13-1 所示。window 对象属性如表 13-2 所示。

表 13-1　window 对象方法

方法	说明
alert(message)	显示一个包含指定消息和 OK 按钮的警告框
confirm(message)	显示一个包含指定消息和 OK 及取消按钮的确认框
prompt(message,default)	显示一个包含指定消息、文本输入字段和 OK 及取消按钮的提示框
open(URL,name,specs,replace)	打开一个新的浏览器窗口或查找一个已命名的窗口
close()	关闭当前窗口
setTimeout(function,delay)和 setInterval(function,delay)	用于在指定的毫秒数后执行函数，或定期执行函数
clearTimeout(id)和 clearInterval(id)	取消由 setTimeout()或 setInterval()设置的延迟或间隔

表 13-2 window 对象属性

属性	说明
document	引用当前窗口中的 DOM 文档
location	引用当前窗口的 location 对象
navigator	引用当前窗口的 navigator 对象
history	引用当前窗口的 history 对象
screen	引用当前窗口的 screen 对象

2. location 对象

location 对象提供了与当前窗口加载文档相关的 URL 信息及 URL 解析和重定向方法。location 对象用于获取或设置当前文档的 URL，并提供了与 URL 相关的属性和方法。location 对象方法及其属性如表 13-3 和表 13-4 所示。

表 13-3　location 对象方法

方法	说明
assign(URL)	加载新的文档
reload([forceReload])	重新加载当前文档
replace(URL)	用新的文档替换当前文档，不会在历史记录中生成新的条目

表 13-4　location 对象属性

属性	说明
href	获取或设置完整的 URL
protocol	获取或设置 URL 的协议部分（如"http:"）
hostname	获取或设置 URL 的主机名部分（如 http://www.example.com"）
port	获取或设置 URL 的端口号（默认为空字符串）
pathname	获取或设置 URL 的路径名部分（如"/page.html"）
search	获取或设置 URL 的查询字符串部分（如"?key=value"）
hash	获取或设置 URL 的片段标识符部分（如"#section"）

3. navigator 对象

navigator 对象包含了有关浏览器的信息，如浏览器名称、版本、操作系统等。

4. screen 对象

screen 对象提供了关于客户端屏幕的信息，如屏幕分辨率、可用尺寸等。

5. history 对象

history 对象提供了与浏览器历史记录相关的功能，如前进、后退等。

13.2　DOM 操作

13.2.1　DOM 基础

DOM 基础

　　DOM 是 JS 编程语言实现网页编程的核心，脱离了 DOM，也就无法实现各种网页特效了。在 DOM 中，所有的 HTML 元素都会被解析为节点对象，开发人员能够以对象的形式操作网页中的元素，从而达到编程的目的。注意所有的 HTML 元素都会被解析为对象，其中包括：

　　（1）整个网页文档会被解析为 document 对象。

　　（2）网页中的每个标签会被解析为元素对象。

　　（3）元素中的文本内容会被解析为文本对象。

　　（4）标签中的属性会被解析为属性对象。

　　甚至，网页中的注释也会被解析为注释对象，由于网页中的标签通常采用的都是嵌套的结构，所有的标签被解析为节点对象后，这些节点对象根据其嵌套的方式，会组合为一棵 DOM 树，其根节点在顶部，网页文档中的每个元素、属性、文本等都代表 DOM 树中的一个节点，节点之间存在着类似于家族的关系，通过程序清单 13-1 示例，会更好理解。

程序清单 13-1

```
<html>
   <head>
      <title> HTML DOM </title>
   </head>
   <body>
      <h1>你好百度</h1>
      <a href = "http: //www.baidu.com">百度一下</a>
   </body>
</html>
```

网页文档中的每个节点，在DOM树中都有自己的位置。类似于标签之间的嵌套关系，标签可以有父标签、子标签，每个节点也可以是某个节点的父节点，或是某个节点的子节点。

DOM树起始于文档节点，并沿着标签的嵌套结构，伸展枝条，直到最低级别的文本节点为止。依照上面的网页文档，可以绘制一个对应的DOM树，来表示各节点之间的关系，如图13-1所示。

DOM树中所有的节点彼此间都存在关系，如果一个节点是另一个节点的直接上层，则前者是后者的父节点，除文档节点之外的每个节点都有父节点。如<head>和<body>的父节点是<html>节点，文本节点"你好百度"的父节点是<h1>节点。

如果一个节点是另一个节点的直接下层，则前者是后者的子节点，大部分元素节点都有子节点。如<head>节点有一个子节点<title>，<title>节点也有一个子节点，即文本节点"HTMLDOM"。

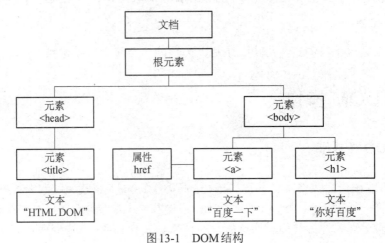

图13-1　DOM结构

当节点具有同一个父节点时，它们就是兄弟节点（同级子节点）。如<h1>和<a>是兄弟节点，因为它们的父节点均是<body>节点。

节点也可以拥有后代，后代指某个节点的所有子节点，以及这些子节点的子节点，以此类推。如所有的文本节点都是<html>节点的后代，而第一个文本节点是<head>节点的后代。

节点也可以拥有祖先，祖先是某个节点的父节点，或者父节点的父节点，以此类推，如所有的文本节点都可把<html>节点作为祖先节点。

由此可知，一个 HTML 文档并不是一个简单的文本文件，而是一个具有层次结构的逻辑文档，每一个 HTML 元素都作为这个层次结构中的一个节点存在，每个节点反映在浏览器上会具有不同的外观，而具体的外观是由 CSS 来决定的。

13.2.2　DOM 节点操作

1. 获取节点

当标签被解析为节点对象后，可以以对象的形式操作所有的网页元素，其中最常见的操作是从网页文档中以某种规则搜索节点元素，搜索到后再根据需求做出其他的操作，所有动态效果的实现前提都是需要先获取到对应的节点对象，因此，搜索是最基础也是最重要的DOM 操作，那么如何搜索到一个节点对象呢？

（1）基础查找。

最常用的方法是 document.getElementById()、document.getElementsByTagName()，以及document.getElementsByClassName()。

上述三个方法都是通过 document 对象调用的，document 对象是 JS 中的内置对象，代表整个网页文档，也就是最大的节点对象。基于 document 对象可以搜索网页中的任意节点对象，其中 getElementById 方法通过标签的 id 属性值寻找节点，由于 id 值唯一，因此通过此方法仅能获取到一个节点对象，getElementsByTagName 方法根据标签名称获取所有对应的节点对象，所有节点对象会被存储在类似于数组的容器中，getElementsByClassName 方法通过标签的class 属性值获取所有对应的节点对象，如程序清单 13-2 所示。

程序清单 13-2

```
var sale= document.getElementById("sale");
var h= document.getElementsByTagName("h2");
var box= document.getElementsByClassName("box");
var t = document.getElementById("sale").
getElementsByClassName("t");
```

上述程序中分别使用了 4 种不同的方式获取节点，第一种方式通过 getElementById 方法获取到 id 值为 sale 的标签元素，并将其存入名为 sale 的变量中。第二种方式通过getElementsByTagName 方法获取到标签名为 h2 的标签元素，并将其存入名为 h 的变量中。第三种方式通过 getElementsByClassName 方法获取到 class 值为 box 的标签元素，并将其存入名为 box 的变量中。第四种方式使用了递进的形式获取嵌套结构较为深入的节点，第四种方式较为复杂，适用于嵌套结构较为深入的场景，首先通过 getElementById 方法获取到 id 值为 sale的节点，再基于 sale 节点继续寻找 class 值为 t 的所有元素。

需要注意的是，此处递进寻找的方式只适用于对单个的节点对象调用，getElementById 方法总是返回单个的节点对象，因此可以用于递进调用，但是，getElementsByClassName 类的方法返回的结果是不能直接用于调用的，因为此类方法返回的是一个数组。

（2）选择器查找。

如果需要寻找的某个元素特别深入，使用上述的方式代码就会非常烦琐，JS 中还提供了两个使用 CSS 选择器方式进行搜索的方法，分别为 querySelector() 和 querySelectorAll()，使用上述两种方法，寻找元素非常方便，如程序清单 13-3 所示。

程序清单 13-3

```
var q1 = document.querySelector("#t");
var ps = q1.querySelectorAll(".box h2 #sale");
```

querySelector与querySelectorAll方法接收的参数是一致的,但是,返回的结果却不一样,querySelector不论写入何种选择器,总是返回寻找到的一个元素,querySelectorAll总是返回找到的所有元素。

上述两种方法并不是所有浏览器都支持的,如版本小于8的IE浏览器就不支持,因此如果想要考虑兼容早期IE浏览器,则无法使用上述方法,但是目前主流的网站均已不再兼容早期IE浏览器,需要兼容IE浏览器是非常少见的情况。

2. 创建节点

如需向HTML DOM添加新元素,必须首先创建该元素(元素节点),然后向一个已存在的元素追加该元素。

createElement(),用于创建一个元素节点。

createTextNode(),用于创建一个文本节点。

CreateAttribute(),用于创建一个属性节点。

3. 增加节点

appendChild(newClone),用于向一个元素节点的末尾追加一个新的子节点。

insertBefore(),用于在已知的子节点前插入一个新的子节点。

4. 删除节点

removeChild()用于删除某一节点下的某一个节点。

5. 替换节点

replaceChild()将页面中的某一个节点替换为另一个。

13.2.3 属性/值操作

1. innerHTML属性

DOM 对象属性

修改节点内部的文本信息有两种方式,一种是通过修改innerHTML属性,此属性不仅能够修改节点内部的文本信息,而且如果传入的文本信息中包含标签文本,那么标签文本将作为子节点加入到当前节点中,如程序清单13-4所示。

程序清单 13-4

```
var p = document.getElementById("para");
p.innerHTML ="hello";
p.innerHTML = "<a>hello</a>";
```

上述代码中首先通过getElementById方法获取了id值为para的节点,接着通过设置innerHTML属性将节点p内部的文本设置为hello,在最后一行代码中,再次修改innerHTML属性,将节点p内部的文本设置为<a>hello</a>,此时,节点p内部将生成一个超链接对象。

注意通过此种方式修改节点内部文本时，所填充的文本不应该来自于网络或者用户的输入，因为用户有可能会在节点中输入恶意的 JavaScript 代码，从而会有跨站脚本攻击的风险。

2. innerText 属性

第二种修改的方式为 innerText 属性，此属性不会出现跨站脚本攻击的风险，innerText 属性会将传入的 HTML 代码进行编码，从而防止攻击的风险，如程序清单 13-5 所示。

程序清单 13-5

```
var p = document.getElementById("para");
p.innerText= "hello";
p.innerText= "<a>hello</a>";
```

上述最后一行代码并不会在 p 节点中生成真正的超链接标签，只是生成了编码过后的文本信息。

注意点：

（1）innerText 和 innerHTML 都不能对单标签进行设置。

（2）innerText 和 innerHTML 会覆盖原始内容。

（3）如果赋值内容没有标签结构，那么使用 innerText 和 innerHTML 的效果是一样的。

（4）如果 innerText 或 innerHTML 没有赋值，那么可以取值。

3. getAttribute(name)

使用元素的 getAttrbute() 方法可以快速读取指定元素的属性值，传递的参数是一个以字符串形式表示的元素属性名称，返回的是一个字符串类型的值，如果给定属性不存在，则返回的值为 null。

4. setAttribute(name,value)

使用元素的 setAttribute() 方法可以设置元素的属性，参数 name 和 value 分别表示属性名和属性值，属性名和属性值必须以字符串的形式进行传递。如果元素中存在指定的属性，则它的值将被刷新；如果不存在，则 setAttribute() 方法将为元素创建该属性并复制。

5. removeAttribute(name)

使用元素的 removeAttribute() 方法可以删除指定的属性。

13.2.4　DOM 操作 CSS

除了修改文本信息以外，网页编程中也经常会修改样式，在 CSS 章节所学的所有 CSS 属性均可以通过节点的 style 属性进行动态获取和设置。注意，由于 CSS 中某些样式属性名并不符合 JS 中变量的命名规则，因此在 JS 中进行调用时，需要修改为符合标识符规则的名称，如 CSS 中的 font-size 属性，在通过 style 属性进行调用时，需要变换为驼峰标识符形式 fontSize，关于 style 属性的具体用法，如程序清单 13-6 所示。

程序清单 13-6

```
var title = document.getElementById('title');
```

```
title.style.color = 'red';
title.style.fontSize = '16px';
title.style.textAlign = 'center';
```

上述代码，首先通过getElementById获取id值为title的节点，再分别通过style属性设置了color、fontSize、textAlign等CSS属性。需要注意的是，此种方式设置的CSS属性会以行内式的形式添加到元素中。

之所以能够调用节点的style属性，是因为在HTML中每个标签都可以设置style属性，正是因为HTML标签中有style属性，在标签被解析为DOM节点后，节点对象中也会拥有style属性。

以此类推，HTML标签中可以设置的属性，在节点中均可以设置。不过依然需要注意标识符的问题，比如class属性，在HTML的标签中直接使用class作为属性，但是在JS中class是一个关键字。因此在JS中若要设置class属性值，需要使用className来进行调用设置。

通过class属性配合CSS中的类选择器，可以更灵活地更改节点对象的样式，产生丰富的动态效果，如程序清单13-7所示。

程序清单 13-7

```
.red {color: red;}
.blue{color: blue;}
<h1 class="red" id="title">hello</h1>
var title = document.getElementById("title");
title.className = "blue";
```

上述代码通过对h1节点class属性的修改，可以使h1节点的字体颜色由红色变为蓝色。

13.3　操作表单

前面提到所有的HTML标签都会被解析为节点对象，因此，表单中的控件也会被解析为对象，如<input>标签，<input>标签内部的一系列属性也可以通过节点对象进行调用。

13.3.1　设置值

获取节点后，可以通过value属性获取输入框中的value值，如程序清单13-8所示。

程序清单 13-8

```
<input type="text" id="username">
var username= document.getElementById("username");
console.log(username.value);
```

上述代码在执行时，由于input框中还未输入任何数据，因此在控制台打印的值为空，此种方式可以配合后面讲解的事件及Ajax完成用户信息的上传。

需要注意的是，上述方式在针对单选框和复选框时，value属性就无法起作用了，此时需要通过checked属性来判断用户是否选中了某个选项，checked的返回值为布尔值，true代表被选中，false代表未选中。

　　获取到表单控件后，也可以通过 value 属性或 checked 属性对属性值进行设置，从而达到动态效果，如程序清单 13-9 所示。

程序清单 13-9

```
<input type="text" id="username">
var username= document.getElementById("username");
username.value = "张三";
```

　　上述程序中对输入框的 value 属性设置了文本值，当网页被加载时，输入框中会自动出现内容，类似地，也可以通过设置 checked 属性来改变单选及复选框的显示。

13.3.2　提交表单

　　在针对表单的编程中通常会获取到用户的输入数据，并验证是否符合要求，如在注册的场景下，判断用户名是否符合要求，密码是否符合要求。在上节中已经介绍了如何获取 input 节点的 value 值，当判断完毕后，通常需要提交表单，这种情况可以通过控制表单的提交来达到目的。

　　第一种方式是通过<form>元素的 submit()方法提交一个表单，例如，响应一个<button>的 click 事件，在 JavaScript 代码中提交表单，如程序清单 13-10 所示。

程序清单 13-10

```
<form id="test-form">
    <input type="text" name="test">
    <button type="button" onclick="doSubmit()">Submit</button>
</form>
<script>
    function doSubmit() {
        var form = document.getElementById("test-form");
        // 可以在此修改form的input...
        // 提交form:
        form.submit();
    }
</script>
```

　　这种方式的缺点是扰乱了浏览器对 form 的正常提交，浏览器默认单击<button type="submit">时提交表单，或者用户在最后一个输入框输入后按回车键提交。

　　第二种方式是响应<form>本身的 onsubmit 事件，在提交 form 时进行修改，如程序清单 13-11 所示。

程序清单 13-11

```
<form id="test-form" onsubmit="return checkForm()">
    <input type="text" name="test">
    <button type="submit">Submit</button>
</form>
<script>
    function checkForm() {
        var form = document.getElementById("test-form");
```

```
        // 可以在此修改form的input...
        // 继续下一步:
        return true;
    }
</script>
```

注意要使用return true来告诉浏览器继续提交，如果return false，则浏览器将不会继续提交form，这种情况通常对应用户输入有误，提示用户错误信息后终止提交form。

13.4　Ajax

Ajax即Asynchronous JavaScript And XML（异步JavaScript和XML），是用来描述一种使用现有技术集合的"新"方法，包括HTML或XHTML、CSS、JavaScript、DOM、XML、XSLT以及最重要的XMLHttpRequest。Ajax技术是JS非常重要的一项技术，可以完成异步的网络请求，与服务器进行少量数据交换，可以使网页实现异步更新。这意味着可以在不重新加载整个网页的情况下，对网页的某部分进行更新。简单地说Ajax可以完成异步的网络请求，并能将服务器端响应的数据动态应用到网页中。

大家在浏览网页时，经常会遇到注册或登录的场景，当输入的信息不符合网站要求，如账号被注册，密码输入错误，单击提交按钮时，网页在不刷新的情况下，就将信息提示给用户，此种方式就是运用了Ajax技术，输入的数据会被传输在服务器端进行判断，而后将结果展现在网页上。

用JavaScript写一个完整的Ajax代码并不复杂。需要注意是，Ajax请求是异步执行的，要通过回调函数获得服务器端的响应。

要想发送Ajax请求需要创建XMLHttpRequest对象，如程序清单13-12所示。

程序清单 13-12

```
function success(text) {
    var textarea = document.getElementById("res-text");
    textarea.value = text;
}
function fail(code) {
    var textarea = document.getElementById("res-text");
    textarea.value = "Error code:" + code;
}
// 新建XMLHttpRequest对象
var request = new XMLHttpRequest();
// 状态发生变化时，函数被回调
request.onreadystatechange = function() {
    if (request.readyState === 4) { // 成功完成
        // 判断响应结果:
        if (request.status === 200) {
            // 成功，通过responseText拿到响应的文本:
            return success(request.responseText);
        } else {
```

```
        // 失败，根据响应码判断失败原因：
        return fail(request.status);
    }
  } else {
    // HTTP请求还在继续...
  }
}
// 发送请求：
request.open("GET",   "/api/categories");
request.send();
alert("请求已发送，请等待响应...");
```

事件基础

13.5　事件处理

前面章节讲解了如何通过 DOM 技术获取节点、修改节点属性等技术，虽然这能够修改节点的样式，但是并不能达到动态变化的效果，也没有与用户的交互效果，要实现上述效果还需要借助 JS 中的事件绑定与处理技术。

13.5.1　事件处理概述

在 Web 应用程序或 Web 站点中，事件是指在页面上与用户进行交互时发生的操作，主要包括用户动作和状态变化。

用户动作：用户对页面的鼠标或键盘操作，如 click、keydown 等。

状态变化：页面的状态发生变化，如 load、resize、change 等。

例如，当用户单击一个超链接或按钮时就会触发单击事件；当浏览器载入一个页面时，会触发载入事件；当用户调整窗口大小的时候，会触发改变窗口大小事件。

整个 JavaScript 事件机制包含了以下 3 个部分。

1. 事件目标

事件目标（Element），就是发生事件的对象或与该事件相关的对象，可以是一个 button，一个 div，一个 input，甚至可以是 document 或 window，由需求来决定。

2. 事件类型

在 JavaScript 中，定义了一系列具有实际意义的事件类型。

● click：定义了单击事件。

● mouseover：定义了鼠标移动到某一个元素上的事件。

● mouseout：定义了鼠标移出某一个元素的事件。

JavaScript 中每一种事件类型都代表了一种不同的操作或状态。不同的事件类型，浏览器对其兼容性不一，在实际使用时，需要做出对应的考量。不过，JavaScript 对事件类型的划分还是有一定规则的，一般分为：

● 鼠标事件，比如 mouseover、mouseout、click 等。

● 键盘事件，比如 keydown、keypress、keyup 等。

- 触屏事件，比如touchstart、touchmove、touchenter等。
- window事件，比如load、unload等。

3. 事件处理程序

事件处理程序就是用户或浏览器自身执行的某种动作，如click、load等，都是事件的名称，而响应某个事件的函数就叫作事件处理程序（或事件处理函数）。事件处理程序的名字以on开头，因此click事件的事件处理程序就是onclick，load事件的事件处理程序就是onload。

如程序清单13-13所示，就是一个事件处理程序。

程序清单 13-13

```html
<body>
  <button id="btn">单击</button>
  <script>
// 第1步：获取事件源
var btn = document.getElementById("btn");
// 第2步：注册事件btn.onclick
btn.onclick = function () {
// 第3步：添加事件处理程序
    alert("弹出");
  };
  </script>
</body>
```

JavaScript处理事件的基本机制如图13-2所示。

- 对元素绑定事件处理函数。
- 监听用户的操作。
- 当用户在相应的元素上进行与绑定事件对应的操作时，事件处理函数做出响应。
- 将处理结果更新到HTML文档。

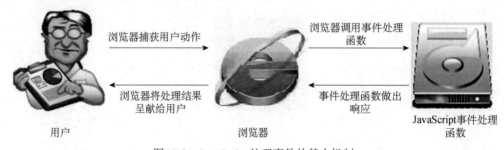

图13-2　JavaScript处理事件的基本机制

13.5.2　JavaScript事件绑定

在JavaScript中，有三种常用的绑定事件的方法：在HTML标签中直接绑定；在JavaScript代码中绑定；绑定事件监听函数。

事件进阶

1. 在HTML标签中直接绑定

在HTML标签中绑定事件叫作内联绑定事件，其使用方式非常简单，就是在HTML的元素中使用 event 属性来绑定事件，比如 onclick 的 on(type) 属性，其中 type 指的就是 DOM 的事件（比如 click），它可以给这个 DOM 元素绑定一个类型的事件。比如，要为 button 元素绑定一个 click 事件，那么就可以像下面这样使用，如程序清单 13-14 所示。

程序清单 13-14

```
<button onclick="show();"> Click Me </button>
<script>
  function show() {
     console.log("Show Me!");
  }
</script>
```

当用户在按钮上单击鼠标时，onclick 中的代码将会运行，将会调用 show() 函数，执行效果如图 13-3 所示。

鼠标单击按钮显示信息

图 13-3　事件绑定

这种方式能正常绑定 DOM 事件，但它是一种非常不灵活的事件绑定方式。它将 HTML 结构和 JavaScript 混合在一起。

2. 在 JavaScript 代码中绑定

在 JavaScript 代码中（即 <script> 标签内）绑定事件可以使 JavaScript 代码与 HTML 标签分离，文档结构清晰，便于管理和开发。

在 JavaScript 代码中绑定事件的语法为：

elementObject.onXXX=function(){

　// 事件处理代码

}

其中，elementObject 为 DOM 对象（DOM 元素），onXXX 为事件名称，如 **element.on(type) = listener**。

将上面的示例改一下，如程序清单 13-15 所示。

程序清单 13-15

```
<button>Click Me!</button>
function show() {
   console.log("Show Me!");
}
var btn = document.querySelector('button')
btn.onclick = show;
```

这个时候用鼠标单击按钮时，同样在控制台中能看到如图 13-3 所示的信息。

这里有一个细节需要注意，在 onclick 调用事件时，应该使用的是 show，而不是 show()。如果使用的是 btn.onclick=show()，那么 show() 将是函数执行的结果，因此最后一个代码中的 onclick 就没有定义（函数什么也没有返回）。

但在 HTML 中这样调用是可以执行的，前面的示例也向大家演示了，如果实在想调用 show() 函数，可使用如程序清单 13-16 所示的方法。

程序清单 13-16

```
<script>
   function show() {
      console.log("Show Me!");
   }
   var btn = document.querySelector("button");
   btn.onclick = function() {
      show()
   };
</script>
```

以上情况和在 HTML 中内联绑定函数是一样的，同样是给 DOM 元素 onclick 属性赋值一个函数，区别是：函数中的 this 指向当前元素（内联），而后面这种方式是在 JavaScript 中做的。另外一个区别就是内联方式赋值的是一段 JavaScript 字符串，而这里赋值的是一个函数，它可以接收一个参数 event，这个参数是单击的事件对象，如程序清单 13-17 所示。

程序清单 13-17

```
<button onclick="show(this)"> DOM Level0: Click Me! </button>
<button id="btn"> DOM Level1: Click Me! </button>
<script>
   function show(e) {
      console.log(e)
   }
   var btn = document.getElementById("btn");
   btn.onclick = show;
</script>
```

比如，上面的示例，分别单击两个按钮，在控制台上输入的结果将会是如图 13-4 所示的效果。

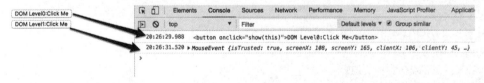

图 13-4　多个事件

另外，用赋值绑定函数也有一个缺点，那就是它只能绑定一次，如程序清单 13-18 所示。

程序清单 13-18

```
<button onclick="show(this);show(this);">
DOM Level0: Click Me
</button>
```

```
<button id="btn">DOM Level1: Click Me</button>
<script>
    function show(e) {
        console.log(e);
    }
    var btn = document.getElementById('btn')
    btn.onclick = show;
    btn.onclick = show;
</script>
```

这个时候单击按钮的结果如图13-5所示。

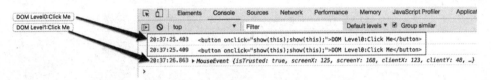

图13-5 搜索引擎显示的描述信息

这种方法将JavaScript和HTML分开,而且这种方式具有其自己的特征。它的本质就是给HTML元素添加相应的属性。它的事件处理程序(绑定的事件)在执行时,其中的this指向当前的元素。该方式不会做同一元素的同类型事件绑定累加,也就是当在同一个元素上多次绑定相同类型的监听函数时,后者会覆盖前者。

3. 绑定事件监听函数

解决上述方法出现的覆盖问题,可以通过DOM对象调用addEventListener()来绑定事件处理函数以实现此需求。一个DOM对象通过方法绑定多个事件函数的实现方式是:对DOM对象调用多次addEventListener(),其中每次的调用只绑定一个事件处理函数。

语法:element.addEventListener(type,listener[,useCapture]);

(1)element:表示要监听事件的目标对象,可以是一个文档上的元素Document本身、window或者XMLHttpRequest。

(2)type:表示事件类型的字符串,比如click、change、touchstart等。

(3)listener:当指定的事件类型发生时被通知到的一个对象。该参数必须是实现EventListener接口的一个对象或函数,比如前面示例中的show()函数。

(4)useCapture:设置事件的捕获或者冒泡,它有两个值,其中true表示事件捕获,false表示事件冒泡,默认值为false。

可以使用"element.addEventListener(type,listener[,useCapture]);"来修改前面的示例,如程序清单13-19所示。

程序清单 13-19

```
<button>Click Me!</button>
<script>
    function show() {
        console.log("Show Me!");
    }
    var btn = document.querySelector('button');
```

```
    btn.addEventListener("click",show, false);
</script>
```

这个时候单击按钮，浏览器控制台输出的结果如图13-3所示。

这种DOM事件绑定的方式看起来比前面的方法要复杂一些，事实上这里说的复杂也就是额外地花了一些时间输入代码。addEventListener给DOM元素绑定事件的一大优势在于可以根据需要为事件提供尽可能多的处理程序（监听函数）。

另外，在使用addEventListener给DOM绑定事件时，其中第二个参数，即监听函数，这个函数中的this指向当前的DOM元素，同样，函数也接收一个event参数，比如上面的示例，如程序清单13-20所示。

程序清单 13-20

```
<button id="btn">Click Me</button>
<script>
    function show(e) {
        console.log(this)
        console.log(e)
    }
    let btn = document.getElementById("btn");
    btn.addEventListener("click", show, false);
</script>
```

这个时候，在浏览器中单击按钮，浏览器的控制器输出结果如图13-6所示。

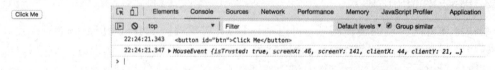

图13-6　事件对象（控制器输出结果）

使用addEventListener来给DOM元素绑定事件，还有一个优势，即它可以给同一个DOM元素绑定多个函数，如程序清单13-21所示。

程序清单 13-21

```
<button id="btn">Click Me</button>
<script>
    function foo() {
        console.log('Show foo function');
    }
    function bar() {
        console.log('Show bar function');
    }
    var btn = document.getElementById('btn');
    btn.addEventListener('click', foo);
    btn.addEventListener('click', bar);
</script>
```

这个时候，单击按钮，浏览器的控制器输出结果如图13-7所示。

图13-7　事件处理（控制器输出结果）

从结果中可以看出，给btn元素绑定的click事件，两个函数都被执行了，并且按照绑定的顺序执行。

13.6　案例——简易留言板

使用JS操作DOM实现留言板的基本功能，功能描述如下，效果如图13-8所示。

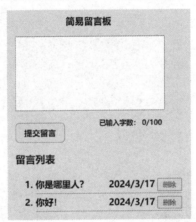

图13-8　简易留言板效果图

（1）提交留言：用户输入留言（当输入内容为空时，提示用户，且不可提交留言），输入完成后单击"提交留言"按钮，留言列表中将会出现对应用户输入的内容，且留言列表第一条应该是用户最新提交的内容与当前日期。

（2）统计输入字数：输入框下方也会自动统计用户输入的字数，当输入字数大于一定长度时，提示用户且不可提交留言。

（3）删除留言：当用户提交留言后，每一条留言后会出现"删除"按钮，用于删除本条留言记录。

HTML参考代码如程序清单13-22所示。

程序清单 13-22

```html
<!-- 外部容器 -->
<div class="wrapper">
  <!-- 内部容器 -->
  <div class="inner">
    <!-- 输入留言区域 -->
    <h3>简易留言板</h3>
    <textarea name="txtarea" id="txtarea" cols="40" rows="10"></textarea>
```

```
    <!-- 统计文本域中的字数 -->
    <p id="text">已输入字数:
        <span id="text-now">0</span>/100
    </p>
    <!-- 提交"留言"按钮 -->
    <input type="button" id="btn" value="提交留言">
    <p>留言列表</p>
    <!-- 呈现留言区域 -->
    <ol>
    </ol>
  </div>
</div>
```

JS功能实现参考代码如程序清单13-23所示。

程序清单 13-23

```
<!-- 实现留言功能的JS部分 -->
<script>
    // 获取"提交留言"按钮
    var btn = document.getElementById("btn");
    // 获取留言板
    var msg = document.getElementById("txtarea");
    // 获取呈现留言区域
    var ul = document.querySelector("ol");
    // 获取每一个li
    var li = ul.children;
    // 获取"删除"按钮
    var del = document.getElementById("del");
    // 获取统计文本域中文字的元素
    var text = document.getElementById("text-now");
    // 为"提交留言"按钮添加单击事件
    btn.onclick = function() {
        if (msg.value == "") {
            alert("留言不可为空哦! ");
        } else {
            var li = document.createElement("li");
            var date = new Date();
            var time = date.toLocaleDateString();
            li.innerHTML = msg.value + "<div>" + "<span>" + time + "</span>" +
"<button>" + "删除" + "</button>" +
                "</div>";
            var length = (msg.value).length;
            if (length > 100) {
                alert("当前输入字符长度不可超过100! ");
                msg.value = "";
            } else {
                text.innerText = length;
                ul.insertBefore(li, ul.children[0]);
```

```
            msg.value = "";
        }
        // 通过事件的委派实现删除功能，事件的委派也是利用到了事件的冒泡，通过给父元素绑定
事件解决问题
        ul.addEventListener("click", function(event) {
            if (event.target.nodeName == "BUTTON") {
                ul.removeChild(event.target.parentNode.parentNode);
            }
        }, false);
    }
}
</script>
```

13.7　习题

扫描二维码，查看习题。

13.8　练习

1. 编写 JavaScript 代码完成如下动态效果，要求：
（1）当用户名输入框失去焦点时，检查用户名是否为空。
（2）当密码框失去焦点时，检查密码的位数是否在6～16位之间。
（3）当确认密码失去焦点时，检查确认密码内容与密码是否一致。
2. 编写 JavaScript 代码完成如下动态效果，要求：
（1）获取当前时间的年月日，时分秒，毫秒值。
（2）使用定时器动态地显示时间值。
3. 编写 JavaScript 代码完成如下动态效果（见图 13-9），要求：
（1）单击"放大"按钮，新闻内容字体放大到24px。
（2）单击"正常"按钮，新闻内容字体还原到16px。
（3）单击"缩小"按钮，新闻内容字体缩小到14px。

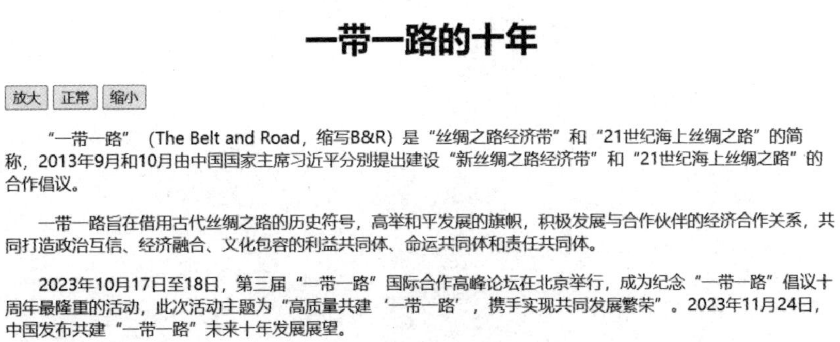

一带一路的十年

放大 正常 缩小

　　"一带一路"（The Belt and Road，缩写B&R）是"丝绸之路经济带"和"21世纪海上丝绸之路"的简称，2013年9月和10月由中国国家主席习近平分别提出建设"新丝绸之路经济带"和"21世纪海上丝绸之路"的合作倡议。

　　一带一路旨在借用古代丝绸之路的历史符号，高举和平发展的旗帜，积极发展与合作伙伴的经济合作关系，共同打造政治互信、经济融合、文化包容的利益共同体、命运共同体和责任共同体。

　　2023年10月17日至18日，第三届"一带一路"国际合作高峰论坛在北京举行，成为纪念"一带一路"倡议十周年最隆重的活动，此次活动主题为"高质量共建'一带一路'，携手实现共同发展繁荣"。2023年11月24日，中国发布共建"一带一路"未来十年发展展望。

图13-9　练习 3 图

第4部分

综合项目

第14章　电商项目综合案例

本章学习目标

◇ 了解电商项目首页设计过程
◇ 掌握首页布局方式
◇ 掌握首页部分效果的实现过程

前面章节学习了常用标签、网页布局、CSS样式属性、盒子模型以及HTML5的一些主流标签，通过这些知识学习到了网页基本内容的构成和一些常见的样式效果，通过学习JavaScript也掌握了网页中的静态脚本的语法，通过这些静态脚本实现了与页面的动态交互，如何运用学习到的知识开发一个网页项目，是本章要学习的内容。本章采用电商平台作为学习项目，电商平台是为用户提供良好购物体验的平台，而良好的用户体验可以让用户更愿意在电商平台购买商品，并且增加用户的留存率和黏性。在电商平台设计中，需要充分考虑用户的使用习惯和对页面的心理预期浏览需求，合理布局页面、导航栏和功能按钮，并提供直观简洁的界面交互。通过合理设计页面的色彩搭配、排版和图文结合，以及合适的字体和字号，提升用户的视觉感受。此外，通过用户行为分析和用户反馈，及时优化和改进电商设计，不断提升用户体验。

14.1　电商平台构成

电商平台项目概述与
站点设计介绍

网站是由不同网页通过超链接连接而成的，而不同网页也是由不同模块组成的。我们设计的是一个像蜘蛛网一样的网络，而不是一张海报。所以在设计网站时要考虑从用户角度出发，而不能孤立地把它想象成一个平面作品。

1. 首页

访问一个网站时第一个触及的就是网站首页。首页别名叫作index或者default，是索引和目录的意思。在网站发展的前期阶段，网站并不是富媒体，而是类似于一本书一样：首页类似书籍的目录，需要查看哪个子网页就单击链接即可进入。到了现在，网站首页仍然是引导用户进入不同区域的一个目录，这个目录除了导航功能外也要露出一部分内容给用户来吸引单击，露出的部分一定要有一个"更多"按钮来指引用户找到二级页面。

2. 二级页面

在逻辑上，首页是一级页面，从首页单击进入的页面均为二级页面。二级页面之后还有三级页面等。从单击的概率上来说，越靠前访问量越高，页面层级越深越不容易被用户找到。一般网站有三级页面，是为了避免用户迷失。为此还会在页面中加入面包屑导航。面包屑导航就是在页面第一屏出现的诸如"首页 > 体育 > NBA频道"这样的超链接结构，方便用户理解自己在哪里，并且单击可以回到其他页面。

3. 底层页

在网站结构中最后提供用户实质资讯的页面就是底层页。比如，在门户网站首页或二级页面中单击标题后，在底层页中会看到全部的资讯。待用户阅读完底层页的信息后可以在左侧或右侧的侧栏寻找用户可能感兴趣的相关内容；在底部可以看到网友的评论；底部也会有分享按钮、点赞功能等；如果侧栏的用户转化率比较差，则底部还可以再次出现推荐相关资讯的功能。总之，在用户阅读完自己喜欢的资讯后，要继续吸引用户顺势阅读其他的资讯或者回到相关频道。

4. 广告

门户类网站如何盈利？广告是变现方法之一。网站的广告一般由负责运营需求的设计师负责，也可能由频道设计师、产品设计师来完成。在网站中常见的广告图形式就是banner。banner一般尺寸较大，在网站之中非常显眼。因此也不一定是外部广告，也有内部活动、推荐资讯等。banner的宽度有两种，一种是满屏（1920px）、一种是基于安全距离的满尺寸（1200px或1000px）。高度要注意，一般以1920px×1080px为基准的用户屏幕，加上浏览器本身与插件和底部工具条等距离，留给网站的一屏高度大概为900px，所以banner不可以做得很高，否则第一屏信息会显示不够。在网站的访问用户之中，第二屏触及到的用户比第一屏会少很多，也就是很多用户可能单击网站后就会跳走或者关闭，第一屏的信息非常重要。所以banner不应该占据过大的区域。

5. footer

在网站具体的页面设计中，底部会有一个区域称为footer。一般footer的颜色都会比上边内容区域要暗，因为footer的信息在逻辑的级别上是次要的。footer区域一般放版权声明、联系方式、友情链接、备案号等信息。在设计时一定要降级处理，不要让footer变得特别明显。

14.2　首页效果图分析

首页是提供给用户访问的第一个页面，用户通过单击首页提供的链接即可进入其他的子目录中，电商网站的首页效果如图14-1所示，由头部、导航、主体、宫格导航和脚部组成。

项目首页效果图分析
与头部导航设计

图 14-1　电商网站的首页效果

14.3　制作 logo 栏与搜索栏

制作 logo 栏与
搜索框

　　logo 是重要的平台标志，一般位于屏幕左上角。搜索栏，供用户用来通过输入关键字或网址的方式来找到自己希望获取的信息。

　　当我们在浏览器的主界面单击搜索栏时，浏览器通常会跳转到搜索界面，输入法会自动弹出，搜索栏左边是搜索图标，右边为取消按钮，搜索记录则在下方以列表的形式出现。

　　在用户搜索商品，打错字符进行搜索时，系统自动识别进行纠正，并推荐正确的字符（用户想进行搜索的结果）。

　　设计的理由：用户在无意间输入错误的字符进行搜索，得到的是一个无结果提示或是不想要的结果页，如果想要搜索则必须再返回搜索栏重新输入字符，这个过程是崩溃的。

　　所以有了自动容错功能，它将极大地提升用户体验，并提升用户的购买率。

　　比如，要为 button 元素绑定一个 click 事件，那么就可以像下面这样使用，如程序清单 14-1 所示。

程序清单 14-1

```
<button onclick="show();">Click Me</button>
<script>
function show() { console.log('Show Me!') }
</script>
```

　　当用户在按钮上单击鼠标时，onclick 中的代码将会运行，在上面的示例中，将会调用 show() 函数，效果如图 14-2 所示。

图 14-2　按钮效果

14.4　设计首页左侧菜单

　　一般会在首页根据功能设计出快速导航菜单，用户可以快速找到不同的
功能模块。一般导航文本不能与正文内容共享相同的颜色、字体和大小，并
且应突出醒目显示。导航区域需要保持一定的大小，它最常放在页面的顶部或左侧，通过专
业的UI设计，将左侧导航栏用特定区域框展示，选中链接时用不同颜色凸显，不仅简洁美观，
而且符合用户的视觉习惯，让用户可以轻而易举地找到导航所在。参考代码如程序清单14-2所
示。

程序清单 14-2

```
<ul class="slider-ul">
    <li class="slider-li">
        <a href="" class="name">
            <span>手机</span>
            <i class="iconfonticon-xiangyou">
                <imgsrc="img/xiangyou.png" alt="">
            </i>
        </a>
        <div class="slider-pop">
            <a href="" class="pop-li">
                <img src="img/images/sm.png" alt="">
                <p>小米10</p>
            </a>
        </div>
    </li>
.............
</ul>
```

运行示例效果如图14-3所示。

图 14-3　左侧菜单运行效果

14.5　制作 banner 轮播图

　　banner一般翻译为旗帜广告、横幅广告，狭义地说是表现商家广告内容的图片或是上新商品的宣传图片，这种方式在互联网广告中是最基本、最常见的一种广告形式。

　　一般当用户访问电商网站时，第一眼获取的信息非常关键，直接影响用户在网站停留的时间和访问深度，然而仅凭文字，很难直观又迅速地表达含义的同时传递给用户一些关键信息，这时就需要banner将文字信息图片化，通过更直观的信息展示提高页面转化率。banner图采用了一张张大尺寸横幅高清的图片，放在首页第一屏的位置，主要呈现最重要的商品内容或活动主题内容，是用户进入网站后第一眼看到的视觉效果，即用户对商品的第一印象，而研究数据显示用户在第一屏花费的注意力高达80.3%，所以banner的设计十分重要。

　　banner图是首页最重要的一个位置，可以展示多页内容通过轮播广告的效果，更能吸引客户关注并继续观看其他内容，对于企业来说，banner可以起到广告宣传的作用，获得竞争优势，帮助用户在最短的时间了解相关内容。

　　banner图要求有以下特点：

- 有强烈的视觉冲击力，在第一时间抓住用户的注意力。
- 每张banner只传达一个概念或观点。
- 色彩搭配与网站整理协调，符合品牌形象和人群对品牌认同感。
- 匹配页面主题，帮助主题直达浏览者最关注的问题。

　　一般3到4张或者更多的banner组成一套动态banner图，也叫轮播图。轮播图具有很好的交互效果，能在引起用户的注意之后和用户进行互动，让用户更好地了解宣传内容。轮播图参考代码如程序清单14-3所示，效果如图14-4所示。

程序清单 14-3

```
<!--轮播导航S-->
<div class="idx-banner container">
   <div class="banner-box">
      <a href="">
         <img src="img/images/3.png" alt="" id="img">
      </a>
      ............
   </div>
   <div class="btn prev"></div>
   <div class="btn next"></div>
   <!-- 轮播-->
   <ul class="pointer">
      <li></li>
      ............
   </ul>
</div>
<script>
   //获取轮播图节点
   var nodes = document.querySelectorAll(".pointer li");
   //获取中间分类Box节点
   var category = document.querySelector(".category")
```

```
for (var i = 0; i < 6;i++) {
    //给每个li添加一个自定义的属性，存储对应的索引
    nodes[i].index = i;
    nodes[i].onmouseover = function () {
        // 鼠标移入后指定当前节点的背景轮播图
        category.style.backgroundImage = "url("+images[this.index]+")";
    }
}
var j = 1;
//定时器，间隔3s自动切换banner图片
setInterval(function () {
    if (j == images.length) {
        j =0;
    }
    for(var i = 0; i < nodes.length;i++){
        nodes[i].style.backgroundColor = "#ccc"
        nodes[i].style.border = "2px solid rgba(0,0,0,0.3)"
    }
    //更改当前节点背景轮播图
    category.style.backgroundImage = "url("+images[j]+")";
    //给对应的焦点增加选中的样式
    nodes[j].style.backgroundColor = "rgba(255,255,255,0.3)"
    nodes[j].style.border = "2px solid #ccc"
    j++;
},1500)
</script>
```

图14-4　轮播加载图

14.6　制作主要功能盒子

　　首页的主要功能盒子用宫格导航实现，宫格导航是将主要入口全部聚合在主页面中，其布局比较像传统PC桌面上的图标排列，每个宫格相互独立，通过盒子模型设计功能的入口，它们的信息间也没有任何交集，无法跳转互通。宫格导航被广泛应用于各电商平台系统的中心页面，具体的功能用在二级页作为内容列表的

制作主要功能盒子

一种图形化形式呈现，或是作为一系列工具入口的聚合，同时也可以用作一个主题商品的入口，效果如图 14-5 所示，参考代码如程序清单 14-4 所示。

图 14-5　宫格导航效果图

程序清单 14-4

```
.product img{
    width: 316px;
    float: right;
    margin-left: 14px;
}
.product_left{
    width: 234px;
    height: 170px;
    background-color: #5f5750;
    float: left;
}
.product_left li{
    float: left;
    width: 70px;
    height: 64px;
    margin-top: 14px;
    margin-left: 6px;
}
.product_left a{
    font-size: 14px;
    color: rgba(255,255,255,0.7);
    text-align: center;
}
<div class="product">
    <div class="product_left">
        <ul>
            <li>
                <a href="">
                    <span class="fa fa-cny fa-2x"></span>
                    <div>手机选购</div>
                </a>
            </li>
            ............
        </ul>
    </div>
</div>
```